建设工程施工质量验收规范要点解析

建筑地面工程

杜海龙　主编

中国铁道出版社

2012年·北京

内 容 提 要

本书是《建设工程施工质量验收规范要点解析》系列丛书之《建筑地面工程》，共有四章，内容包括：基层铺设、整体面层铺设、板块面层铺设、木竹面层铺设。本书内容丰富，层次清晰，可供相关专业人员参考学习。

图书在版编目(CIP)数据

建筑地面工程/杜海龙主编．—北京：中国铁道出版社，2012.9
(建设工程施工质量验收规范要点解析)
ISBN 978-7-113-14473-9

Ⅰ．①建…　Ⅱ．①杜…　Ⅲ．①地面工程－工程验收－建筑规范－中国　Ⅳ．①TU767-65

中国版本图书馆 CIP 数据核字(2012)第 061425 号

书　　名：建设工程施工质量验收规范要点解析
　　　　　建筑地面工程

作　　者：杜海龙

策划编辑：江新锡　徐　艳
责任编辑：徐　艳　　　电话：010－51873193
助理编辑：胡娟娟
封面设计：郑春鹏
责任校对：张玉华
责任印制：郭向伟

出版发行：中国铁道出版社(100054，北京市西城区右安门西街 8 号)
网　　址：http://www.tdpress.com
印　　刷：中国铁道出版社印刷厂
版　　次：2012 年 9 月第 1 版　2012 年 9 月第 1 次印刷
开　　本：787mm×1092mm　1/16　印张：12.5　字数：310 千
书　　号：ISBN 978-7-113-14473-9
定　　价：32.00 元

前　言

近年来，住房和城乡建设部相继对专业工程施工质量验收规范进行了修订，工程建设质量有了新的统一标准，规范对工程施工质量提出验收标准，以“验收”为手段来监督工程施工质量。为提高工程质量水平，增强对施工验收规范的理解和应用，进一步学习和掌握国家有关的质量管理、监督文件精神，掌握质量规范和验收的知识、标准，以及各类工程的操作规程，我们特组织编写了《建设工程施工质量验收规范要点解析》系列丛书。

工程质量在施工中占有重要的位置，随着经济的发展，我国建筑施工队伍也在不断的发展壮大，但不少施工企业，特别是中小型施工企业，技术力量相对较弱，对建设工程施工验收规范缺乏了解，导致单位工程竣工质量评定度低。本丛书的编写目的就是为提高企业施工质量，提高企业质量管理人员以及施工管理人员的技术水平，从而保证工程质量。

本丛书主要以“施工质量验收规范”为主线，对规范中每个分项工程进行解析。对验收标准中的验收条文、施工材料要求、施工机械要求和施工工艺的要求进行详细的阐述，模块化编写，方便阅读，容易理解。

本丛书分为：

1.《建筑地基与基础工程》；

2.《砌体工程和木结构工程》；

3.《混凝土结构工程》；

4.《安装工程》；

5.《钢结构工程》；

6.《建筑地面工程》；

7.《防水工程》；

8.《建筑给水排水及采暖工程》；

9.《建筑装饰装修工程》。

本丛书可作为监理和施工单位参考用书，也可作为大中专院校建设工程专业师生的教学参考用书。

由于编者水平有限，错误疏漏之处在所难免，请批评指正。

编　者

2012年5月

目　录

第一章　基层铺设 …… 1
　第一节　灰土垫层 …… 1
　第二节　砂垫层和砂石垫层 …… 11
　第三节　水泥混凝土垫层 …… 18
　第四节　找平层 …… 22
　第五节　隔离层 …… 25

第二章　整体面层铺设 …… 35
　第一节　水泥混凝土面层 …… 35
　第二节　水泥砂浆面层 …… 40
　第三节　水磨石面层 …… 49
　第四节　水泥钢(铁)屑面层 …… 56
　第五节　防油渗面层 …… 60
　第六节　不发火(防爆)面层 …… 64

第三章　板块面层铺板 …… 69
　第一节　砖面层 …… 69
　第二节　大理石面层和花岗石面层 …… 104
　第三节　料石面层 …… 117
　第四节　塑料板面层 …… 120
　第五节　活动地板面层 …… 130
　第六节　地毯面层 …… 135

第四章　木、竹面层铺设 …… 158
　第一节　实木地板面层 …… 158
　第二节　实木复合地板面层 …… 171
　第三节　浸渍纸层压木质地板面层 …… 180
　第四节　竹地板面层 …… 186

参考文献 …… 194

第一章　基层铺设

第一节　灰土垫层

一、验收条文

(1)基层的标高、坡度、厚度等应符合设计要求。基层表面应平整,其允许偏差应符合表1－1的规定。

表1－1　基层表面的允许偏差和检验方法　(单位:mm)

项次	项目	允许偏差												检验方法
		基土	垫层					找平层			填充层		隔离层	
						垫层地板								
		土	砂、砂石、碎石、碎砖	灰土、三合土、炉渣、水泥混凝土、陶粒混凝土	木格栅	拼花实木地板、拼花实木复合地板、软木类地板面层	其他种类面层	用胶结料做结合层铺设板块面层	用水泥砂浆做结合层铺设板块面层	用胶黏剂做结合层铺设拼花木板、实木复合地板、竹地板、软木地板面层	松散材料	板、块材料	防水、防潮、防油渗	
1	表面平整度	15	15	10	3	3	5	3	5	2	7	5	3	用2 m靠尺和楔形塞尺检查
2	标高	0 −50	±20	±10	±5	±5	±8	±5	±8	±4	±4		±4	用水准仪检查
3	坡度	不大于房间相应尺寸的2/1 000,且不大于30												用坡度尺检查
4	厚度	在个别地方不大于设计厚度的1/10,且不大于20												用钢尺检查

(2)灰土垫层质量验收标准见表1-2。

表1-2　灰土垫层质量验收标准

项目	内　容
主控项目	灰土体积比应符合设计要求。 检验方法:观察检查和检查配合比试验报告。 检查数量:同一工程、同一体积比检查一次
一般项目	(1)熟化石灰颗粒粒径不应大于5 mm;黏土(或粉质黏土、粉土)内不得含有有机物质,颗粒粒径不应大于16 mm。 检验方法:观察检查和检查质量合格证明文件。 检查数量:按《建筑地面工程施工质量验收规范》(GB 50209—2010)中第3.0.21条规定的检验批检查。 (2)灰土垫层表面的允许偏差应符合表1-1的规定。 检验方法:按表1-1中的检验方法检验。 检查数量:按《建筑地面工程施工质量验收规范》(GB 50209—2010)中第3.0.21条规定的检验批和第3.0.22条的规定检查

二、施工材料要求

(1)灰土垫层材料选用的基本要求见表1-3。

表1-3　灰土垫层材料选用的基本要求

项目	内　容
技术要求	(1)建筑地面施工应体现我国的经济技术政策,在符合设计要求和满足使用功能的条件下,应充分采用地方材料,合理利用、推广回收工业废料,优先选用国产材料,尽量节约资源性原材料,做到技术先进、经济合理、控制污染、卫生环保、确保质量、安全适用。 (2)建筑地面各构造层所采用的原材料、半成品的品种、规格、性能等,应按设计要求选用,除应符合施工规范外,尚应符合现行国家、行业和有关产品材料标准和相关环境管理的规定。 (3)进场材料应有中文质量合格证书、产品性能检测报告、相应的环境保护参数,对重要材料应有复验报告,并经监理部门检查确认合格后方可使用,以控制材料质量和环境因素。 (4)建筑地面各构造层所采用拌和料的配合比或强度等级,应按施工规范规定和设计要求通过试验确定,由试验人员填写配合比通知单,施工过程中要严格计量,避免发生质量事故,造成返工而浪费原材料及人力资源
运输要求	建筑地面施工所用材料的运输,散体材料装车时应低于车帮5～10 cm,湿润的砂运输时,可以高出车帮,但四周要拍紧,防止遗撒;石灰、土方及其他松散材料必须苫盖,不得遗撒污染道路、产生扬尘污染空气
注意事项	采用掺有石灰的拌和料铺设垫层时,其环境温度不应低于5℃,严格控制石灰扬尘。施工人员在加掺石灰时应注意风向,袋装石灰倾倒时离地面不高于20 cm,散装石灰应用翻斗车,卸车时适当喷水降尘,待用的石灰及时苫盖,剩余的石灰收回存放,做好苫盖防潮工作,5级以上的大风天气停止灰土作业

(2)建筑生石灰粉的分类及技术指标见表1－4。

表1－4　建筑生石灰粉的分类及技术指标

项　　目	钙质生石灰粉			镁质生石灰粉		
	优等品	一等品	合格品	优等品	一等品	合格品
(CaO+MgO)含量(%),≥	90	85	80	85	80	75
未消化残渣含量(5 mm圆孔筛余)(%),≤	5	10	15	5	10	15
CO_2 含量(%),≤	5	7	9	6	8	10
产浆量(L/kg),≤	2.8	2.3	2.0	2.8	2.3	2.0

注:钙质生石灰氧化镁含量≤5%,镁质生石灰氧化镁含量>5%。

(3)建筑生石灰粉的技术指标见表1－5。

表1－5　建筑生石灰粉的技术指标

项　　目		钙质生石灰粉			镁质生石灰粉		
		优等品	一等品	合格品	优等品	一等品	合格品
(CaO+MgO)含量(%),≥		85	80	75	80	75	70
CO_2 含量(%),≤		7	9	11	8	10	12
细度	0.9 mm筛的筛余(%),≤	0.2	0.5	1.5	0.2	0.5	1.5
	0.125 mm筛的筛余(%),≥	7.0	12.0	18.0	7.0	12.0	180

(4)建筑消石灰粉的技术指标见表1－6。

表1－6　建筑消石灰粉的技术指标

项　　目		钙质生石灰粉			镁质生石灰粉			白云石消石灰粉		
		优等品	一等品	合格品	优等品	一等品	合格品	优等品	一等品	合格品
(CaO+MgO)含量(%),≥		70	65	60	65	60	55	65	60	55
游离水(%)		0.4～2	0.4～2	0.4～2	0.4～2	0.4～2	0.4～2	0.4～2	0.4～2	0.4～2
体积安定性		合格	合格	—	合格	合格	—	合格	合格	—
细度	0.9 mm筛的筛余(%),≤	0	0	0.5	0	0	0.5	0	0	0.5
	0.125 mm筛的筛余(%),≤	3	10	15	3	10	15	3	10	15

(5)磨细生石灰粉和消石灰粉凝结时间见表1－7。

表1－7　磨细生石灰粉和消石灰粉凝结时间

水灰比	磨细生石灰粉(min)		消石灰粉(min)	
	初凝	终凝	初凝	终凝
0.80	10	105	396	2 867
1.00	14	1 410	1 680	—
1.25	40	11 700	2 573	18 160
1.50	41	13 276	10 800	34 680

(6)生熟石灰体积和质量换算见表1－8。

表1－8 生熟石灰体积和质量换算

石灰组成（块：末）	在密实状态下每1 m^3石灰质量(kg)	每1 m^3熟石灰用生石灰数量(kg)	每1 000 kg生石灰消解后的体积(m^3)
10：0	1 470	355.4	2.814
9：1	1 453	369.6	2.706
8：2	1 439	382.7	2.613
7：3	1 426	399.2	2.505
6：4	1 412	417.3	2.396
5：5	1 395	434.0	2.304
4：6	1 379	455.6	2.195
3：7	1 367	475.5	2.103
2：8	1 354	501.5	1.994
1：9	1 335	526.0	1.902
0：10	1 320	567.7	1.793

(7)黏土材料的施工要求见表1－9。

表1－9 黏土材料的施工要求

项目	内　容
使用要求	黏土可采用黏性土、粉质黏土或粉土，应尽量就地取材采用开挖的黏性土料。土料不得含有有机杂物，地表面耕植土不宜采用；冻土(或夹有冻土块的土料)、膨胀土、盐渍土等严禁使用。土料使用前应过筛，其粒径不大于15 mm
性质及性能	黏土是一种天然的硅酸盐，主要化学成分是二氧化硅、三氧化二铝和少量的三氧化二铁。它与石灰(粉末)拌和均匀后，二氧化硅和石灰中的氧化钙立即发生物理化学反应，逐渐变成强度较高的新物质——硅酸钙(不溶于水的水化硅酸钙和水化铝酸钙)，改变了土壤原来的组织结构，使原来细颗粒的土壤相互团聚成粗大颗粒的骨架，具有一定的内聚力，并且土的黏性越好，颗粒越细，物理化学反应也越好
作为灰土垫层的优点	对于砂类土，由于颗粒较粗，而且较坚硬，与石灰混合后反应效果较差。土壤中含砂量越多，则与石灰的胶结作用越差，强度也越低。纯粹的砂土则成为一种惰性材料。表1－10为不同土体类别和不同灰土比的灰土抗压强度值。所以一般都用黏土类土壤做灰土垫层，而较少用砂类土做灰土垫层。但当黏土的塑性指数大于20时，则破碎较为困难，施工中如处理不当，反而会影响灰土垫层的质量。根据施工现场的实践经验，选用粉质黏土拌和灰土是比较适当的

表 1—10　灰土的抗压强度　（单位：MPa）

龄期(d)	灰土比	土的种类		
		粉土	粉质黏土	黏土
7	4∶6	0.311	0.411	0.507
	3∶7	0.284	0.533	0.667
	2∶8	0.163	0.438	0.526
28	4∶6	0.387	0.423	0.608
	3∶7	0.452	0.744	0.930
	2∶8	0.449	0.646	0.840
90	4∶6	0.696	0.908	1.265
	3∶7	0.969	1.070	1.599
	2∶8	0.816	0.833	1.191

三、施工机械要求

(1)施工机具设备基本要求见表 1—11。

表 1—11　施工机具设备基本要求

项目	内　容
设备要求	蛙式夯实机、手扶式振动压路机、机动翻斗车，应选用噪声低、能耗低的环保型设备，禁止使用不合格的施工设备
设备保养	设备要及时维修、保养，使其处于完好状态，避免由于设备原因加大能源消耗和噪声污染

(2)J4—375L 强制式搅拌机的主要技术性能见表 1—12。

表 1—12　J4—375L 强制式搅拌机的主要技术性能

项　目	数　据	项　目		数　据
进料容量(L)	375	电动机	功率(kW)	10
出料容量(L)	250		转速(r/min)	1 450
拌和时间(min)	1.2	外形尺寸(mm)	长	4 000
平均搅拌能力(m^3/h)	12.5		宽	1 865
拌筒尺寸(直径×长)(mm)	1 700×500		高	3 120
拌筒转速(r/min)	—	整机质量(kg)		2 000

注：估算搅拌机的产量，一般以出料系数表示，其数值为 0.55～0.72，通常取 0.66。

(3)蛙式夯实机的主要技术性能见表 1—13。

表 1—13 蛙式夯实机的主要技术性能

型号		HW20	HW60	HW140	H201—A	HW170	HW280
机重(kg)		151	250	130	125	170	280
夯板面积(m^2)		0.055	0.078	0.04	0.04	0.078	0.078
夯击能量(N·m)		200	620	200	220	320	620
夯击次数(min^{-1})		155～165	140～150	140～145	145	140～150	140～150
前进速度(m/min)		6～8	8～13	9	8	8～13	11.2
夯头跳高(mm)		100～170	200～260	100～170	130～140	140～150	200～260
电动机	型号	J02—31—4	Y100L2—4	J02—32—4	J03—22—6	Y100J—6	J02—32—4
	功率(kW)	2.2	3	1	1.5	1.5	3
	转速(r/min)	1 430	1 420	1 420	1 410	960	1 430
外形尺寸(mm)	长	1 560	1 220	1 080	1 050	1 220	1 220
	宽	520	650	500	500	650	650
	高	590	750	850	980	750	750

(4)蛙式夯实机的组成、维护及排障见表 1—14。

表 1—14 蛙式夯实机的组成、维护及排障

项目	内容
组成	蛙式夯实机是由夯头、动力和传动系统、拖盘等三部分组成,如图 1—1 所示。电动机经过二级减速,使夯头上的大皮带轮旋转,利用偏心在旋转中产生的能量,使夯头上下周期夯击。在夯击的同时,夯实机也能自行前进
维护保养	(1)夯头轴承座和传动轴承座在每班工作后应检查和加添润滑油脂。 (2)夯机动臂滑动轴承和扶手转轴等处均装有压注式油杯,每班工作后,应检查并加注润滑油脂。 (3)滚动轴承部位在每工作 400 h 时应检查并加注润滑油脂。 (4)每班工作后应彻底清除机身泥土,擦拭干净并加注部润滑油脂
排障方法	蛙式夯实机常见故障及排除方法见表 1—15

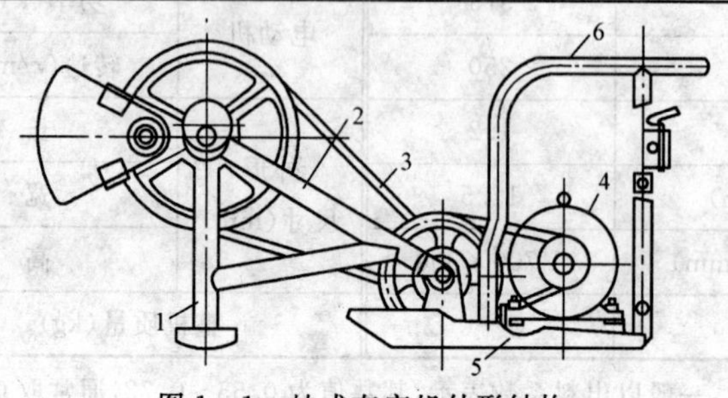

图 1—1 蛙式夯实机外形结构

1—夯头;2—夯架;3—三角皮带;4—电动机;5—底盘;6—手把

表1－15 蛙式夯实机常见故障及排除方法

故障	原因	排除方法
夯击次数减少，夯击力下降	三解皮带松弛	张紧三角皮带
轴承过热	缺少润滑油脂	及时注满润滑油脂
拖盘行走不稳，夯机摆动	拖盘底部沾泥土过多	清除泥土
行进时突然停车	电源开关损坏或电线磨损、拉断而断电	查看电源、检修电路接好断线
拖盘行进不正常，前进距离不准	三角皮带松弛	张紧三角皮带
夯机在运行中有杂音	螺栓松动或弹簧垫圈折断	旋紧螺栓、更换垫圈

(5)手扶式振动压路机的外形、技术参数、维护及排障见表1－16。

表1－16 手扶式振动压路机的外形、技术参数、维护及排障

项目	内容
外形及技术参数	手扶式振动压路机有单轮振动和双轮振动两种，它是由柴油机的动力经过传动系统，启动振动器，使振动轮产生振动。扶手柄连接机架下的转向轮，由手动转向。手扶式振动压路机的外形结构如图1－2所示，其技术参数见表1－17
维护保养	(1)每班工作前要检查各传动机构、制动器及转向机构液压系统、仪表、灯光等均应完整，无泄漏，灵敏有效，运转正常。工作后要将机体上的污垢及滚筒刮泥板上的污泥清除干净。 (2)每工作50 h后，应检查三角皮带，不得有破裂、断层。调整松紧度为用29.4～39.2 N的压力下，可按下10～15 mm为宜。 (3)齿轮油泵密封圈不得有渗漏，输油量应正常。 (4)工作一周后应检查调整前、后刮泥板与滚筒之间的间隙。滚筒直径在1 m以下者，其间隙为1～2 mm；滚筒直径在1～2 m者，其间隙应为2～3 mm。刮泥板及弹簧均须完好。 (5)每周检查方向盘操纵的灵活性，方向立轴及支架不得有松动，方向盘自由转动量不得超过30°。 (6)每班要按润滑表规定进行润滑。 (7)轮胎驱动的要检查轮胎气压应符合规定，不足时补气，并要拧紧胶轮内的球形螺母。 (8)检查振动偏心轴的轴头处，不得有漏油现象，轴承温度不超过60℃。 (9)每工作50 h要检查拧紧全机各部螺栓、螺帽，特别是橡胶减振器螺栓和车轮胎螺帽。 (10)每工作300 h后应检查副齿轮箱和振动轴承箱的油量，不足时添加，确保支座、减振器、连接板等完好紧固；检查万向节、传动轴、十字节及轴头的磨损情况，注油润滑并紧固连接螺栓。 (11)每班作业后对侧齿轮齿轮副(左、右)用钙基脂润滑；每工作50 h后，应对离合器放松轴承滑套，侧传动中间齿轮轴承，转向油缸后支座轴承，换向离合器压紧轴承，转向

续上表

项目	内　　容
维护保养	油缸及铰接架销轴，制动踏板铰接点主离合器踏板及其轴支座，变速拉杆座、万向节、传动轴、十字节及轴头等处加注钙基脂一次；对副齿轮箱、变速箱要检查油量，不足时补充
排障方法	振动压路机常见故障及排除方法见表1－18

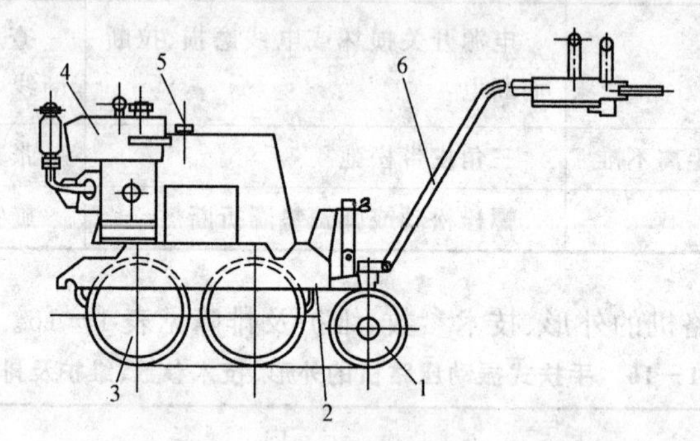

图1－2　手扶振动压路机外形结构

1—转向轮；2—机架；3—驱动轮；4—柴油机；5—洒水箱；6—扶手柄

表1－17　手扶式振动压路机的技术参数

名称		单位	技术参数							名称		单位	技术参数
工作质量①		t	0.4	0.5	0.6	0.8	1.0	1.2	1.4	爬坡能力		%	≥20
激振力		kN	10～60							最大路缘间隙		mm	≤75
振动频率		Hz	30～70							轴距		mm	400～1 100
名义振幅		mm	0.3～2							静线载荷		N/cm	35～90
行走速度	前进	km/h	≤5							振动轮	轮宽	mm	350～900
	后退										轮直径		350～600

①压路机安装转向机构后所增加的质量部分不计入工作质量。

表1－18　振动压路机常见故障及排除方法

故　障	原　因	排除方法
离合器打滑	压板与离合器片接触不均或间隙过大	进行调整
	离合器片摩擦衬面磨损过大	更换摩擦片
	操纵接杆长短不合适	调整接杆长度
离合器分离不彻底	盘形弹簧太弱	更换弹簧片
	摩擦片烧坏	更换摩擦片
	分离间隙太小	调整间隙
分动箱过热	箱内离合器摩擦片间隙不正	进行调整

续上表

故　障	原　因	排除方法
变速器齿轮不啮合	齿轮磨损过大	更换齿轮
	拨叉磨损过大	修补或更换拨叉
制动失灵或发热	制动器分离间隙过小	进行调整
	制动带磨损	更换制动带
	制动带磨擦面有油污	清洗去除油污
	钢丝绳太长	调整钢丝绳长度
液压泵不出油或油压过低	油量不足	补加新油
	油路堵塞	拆卸清洗油路
	天气太冷油质变稠	更换较稀的油
	安全阀弹簧太松	适当调整
	传动皮带打滑	调整皮带松紧度
	液压泵齿轮磨损	拆卸修理
转向迟缓无力	液压泵供油不足	调整皮带松紧度，检查管道是否漏油
	控制阀门漏油过多	更换柱塞
	液压缸活塞磨损	更换皮碗或活塞
	油压不足	调整调压阀内的弹簧压力
振动频率低	传动皮带太松	调整皮带松紧度
	张紧弹簧太弱	更换弹簧
	柴油机供油不足，功率太低	检查并调整高压油泵的供油量

四、施工工艺解析

(1)灰土垫层基层施工见表1－19。

表1－19　灰土垫层基层施工

项目	内　容
基层处理	在铺设灰土垫层前，将基土表面的垃圾杂物等清理干净，经隐蔽工程验收合格后，进行垫层施工
质量检验	对所需的土料和石灰质量进行进场检验。合格后分别进行过筛。土料使用孔径16～20 mm的筛子过筛，对于熟化的块灰使用孔径6～10 mm的筛子过筛

续上表

项目	内　容
灰土拌和	(1)灰土的配合比应符合设计要求,如设计无要求,一般采用熟化石灰∶黏性土为3∶7(体积比)。所用的土料和熟化石灰必须过标准斗,严格控制配合比。拌和时必须均匀一致,至少翻拌两次,人工翻拌不少于三次。拌和好的灰土颜色应一致。 (2)采用磨细生石灰和黏性土拌和灰土时,按磨细生石灰∶黏性土为3∶7(体积比)的比例拌和,并洒水堆放8 h后可以使用。 (3)灰土施工时,应控制土料的含水率。工地的简易检验方法为:用手将灰土紧握成团,两指轻捏即碎为宜。或先称取适量的土料,计质量为G_1,然后将土料充分烘干,称取烘干后土料,计质量为G_2,则求出土料的含水率$=\frac{G_1-G_2}{G_1}\%$。如土料水分过多应晾干,水分不足时应洒水润湿
分层灰土	(1)灰土应分层铺摊,使用压路机作为夯具铺设时,每层的虚铺厚度为200～300 mm,使用其他夯具铺设时,每层的虚铺厚度为200～250 mm,各层虚铺厚度都要用木耙打平,并用靠尺和标准杆检查。 (2)相邻地段的灰土垫层厚度不一致时,做成阶梯形。在技术和经济条件合理、满足设计及施工要求时,也可采用同一厚度。 (3)灰土垫层采用分段施工时,应预先确定接槎的位置。上下两层灰土的接槎距离不得少于500 mm,当垫层上表面标高不同时,应做成阶梯形,接槎时槎子应垂直切齐
夯打密实	若采用人工夯实或轻型机具夯实的方法,夯压的遍数应根据设计要求的干土质量密度或现场试验确定,一般不少于三遍。人工打夯应一夯压半夯,夯夯相连,行行相连,纵横交叉。若采用碾压机压实,遍数应根据设计要求的干土质量密度或现场试验确定
找平验收	(1)灰土垫层按规定分层取样试验。在每层夯实后,使用环刀取土送检,符合要求,并经施工员签认报告后,方可进行上层施工。 (2)在灰土垫层最上层施工完成后,应拉线或用靠尺检查标高和平整度。高出部分用铁锹铲平,低的部分补打灰土,然后请质量检查人员进行验收。 (3)施工完的灰土垫层应注意保护,用水湿润,进行养护,晾干后方可进行下一道施工工序
季节施工	(1)灰土垫层的雨期施工方案应预先制订,并确定排水措施,施工灰土时应连续进行,尽快完成,施工中应防止水流入施工面,以免基土遭到破坏。尚未夯实的灰土如被雨水浸泡,则应将积水及松软的灰土清除,在施工条件满足时,再重新铺摊灰土,并夯实。已经夯实受浸泡的灰土,应换土后重新夯打密实。 (2)冬期施工环境温度不宜低于－10℃,使用的土料,要随筛、随拌、随铺、随打、随保温,严格接槎、留槎和分层

(2)灰土垫层的成品保护及应注意的质量问题见表1－20。

表 1－20　灰土垫层的成品保护及应注意的质量问题

项目	内　容
成品保护	(1)在夜间施工时,应安排好施工顺序,设置充足的照明设施,防止铺填超厚或配合比不准确。 (2)灰土垫层施工前,应在门口处、垫层内埋设件处和已施工完毕的装饰面层等易被碰撞处做好保护措施。 (3)垫层铺设后应尽快进行面层施工,防止长期暴露、行车、走人,造成松动。 (4)做好垫层周围的排水措施,防止受雨水浸泡造成下陷
应注意的质量问题	(1)未按要求测定干土质量密度:灰土施工时,每层都应测定夯实后的干土质量密度,检验其密实度,符合设计要求后才能铺摊上层灰土,并应在试验报告中注明土料种类、配合比、试验日期、结论,试验人员签字。未达到设计要求的部位,均应有处理方法和复验结果。 (2)石灰熟化不良:没有认真过筛,颗粒过大造成颗粒遇水熟化时体积膨胀,将上部结构或垫层拱裂。应认真对待石灰熟化工作,严格按要求过筛。 (3)房心灰土表面平整度偏差过大,致使地面混凝土垫层过厚或过薄,造成地面开裂、空鼓。应认真检查灰土表面标高和平整度,防止造成返工损失。 (4)施工时应严格执行技术措施,避免造成灰土水泡、冻胀等返工事故

第二节　砂垫层和砂石垫层

一、验收条文

砂垫层和砂石垫层施工质量验收标准见表 1－21。

表 1－21　砂垫层和砂石垫层施工质量验收标准

项目	内　容
主控项目	(1)砂和砂石不应含有草根等有机杂质;砂应采用中砂;石子最大粒径不应大于垫层厚度的 2/3。 检验方法:观察检查和检查质量合格证明文件。 检查数量:按《建筑地面工程施工质量验收规范》(GB 50209—2010)中第 3.0.21 条规定的检验批检查。 (2)砂垫层和砂石垫层的干密度(或贯入度)应符合设计要求。 检验方法:观察检查和检查试验记录。 检查数量:按《建筑地面工程施工质量验收规范》(GB 50209—2010)中第 3.0.21 条规定的检验批检查
一般项目	(1)表面不应有砂窝、石堆等现象。 检验方法:观察检查。 检查数量:按《建筑地面工程施工质量验收规范》(GB 50209—2010)中第 3.0.21 条规定的检验批检查。 (2)砂垫层和砂石垫层表面的允许偏差应符合表 1－1 的规定。 检验方法:按表 1－1 中的检验方法检验。 检查数量:按《建筑地面工程施工质量验收规范》(GB 50209—2010)中第 3.0.21 条规定的检验批和第 3.0.22 条的规定检查

二、施工材料要求

(1)砂垫层和砂石垫层材料选用的基本要求与分类见表1－22。

表1－22　砂垫层和砂石垫层材料选用的基本要求与分类

项目		内　容
基本要求		(1)建筑地面施工应体现我国的经济技术政策，在符合设计要求和满足使用功能的条件下，应充分采用地方材料，合理利用、推广回收工业废料，优先选用国产材料，尽量节约资源性原材料，做到技术先进、经济合理、控制污染、卫生环保、确保质量、安全适用。 (2)建筑地面各构造层所采用的原材料、半成品的品种、规格、性能等，应按设计要求选用，除应符合施工规范外，尚应符合现行国家、行业和有关产品材料标准和相关环境管理的规定。 (3)进场材料应有中文质量合格证书、产品性能检测报告、相应的环境保护参数，对重要材料应有复验报告，经监理部门检查确认合格后方可使用，以控制材料质量和环境因素。 (4)建筑地面各构造层所采用拌和料的配合比或强度等级，应按施工规范规定和设计要求通过试验确定，由试验人员填写配合比通知单，施工过程中要严格计量，避免发生质量事故，造成返工而浪费原材料及人力资源。 (5)建筑地面施工所用材料的运输，散体材料装车时应低于车帮5～10 cm，湿润的砂运输时，可以高出车帮，但四周要拍紧，防止遗撒；石灰、土方及其他松散材料必须苫盖，不得遗撒污染道路、产生扬尘污染空气
砂的分类	按产源分	天然砂：包括河砂、湖砂、山砂、淡化海砂； 机制砂：经除土处理，由机械破碎、筛分制成的，粒径小于4.75 mm的岩石颗粒、矿山尾矿或工业废渣颗粒
	按细度模数分	粗：3.7～3.1； 中：3.0～2.3； 细：2.2～1.6
	按技术要求分	分为Ⅰ类、Ⅱ类、Ⅲ类
石的分类	按砂石材料分	分为卵石和碎石
	按卵石、碎石粒径尺寸分	分为单粒粒级和连续粒级。亦可以根据需要采用不同单粒级卵石、碎石混合成特殊粒级的卵石、碎石
	按卵石、碎石技术要求分	分为Ⅰ类、Ⅱ类、Ⅲ类

(2)砂的技术要求。

1)砂的颗粒级配见表1－23。

表1－23 砂的颗粒级配

砂的分类	天然砂			机制砂		
级配区	1区	2区	3区	1区	2区	3区
方筛孔	累计筛余(%)					
4.75 mm	10～0	10～0	10～0	10～0	10～0	10～0
2.36 mm	35～5	25～0	15～0	35～5	25～0	15～0
1.18 mm	65～35	50～10	25～0	65～35	50～10	25～0
600 μm	85～71	70～41	40～16	85～71	70～41	40～16
300 μm	95～80	92～70	85～55	95～80	92～70	85～55
150 μm	100～90	100～90	100～90	97～85	94～80	94～75

注:1. 砂的实际颗粒级配与表中所列数字相比,除4.75 mm和600 μm筛孔尺寸外,可以略有超出,但超出总量应小于5%。

2. 1区人工砂中150 μm筛孔的累计筛余可以放宽到100%～85%;2区人工砂中150 μm筛孔的累计筛余可以放宽到80%～100%;3区人工砂中150 μm筛孔的累计筛余可以放宽到75%～100%。

2)天然砂的含泥量和泥块含量见表1－24。

表1－24 天然砂的含泥量和泥块含量

项目	指标		
	Ⅰ类	Ⅱ类	Ⅲ类
含泥量(按质量计)(%)	≤1.0	≤3.0	≤5.0
泥块含量(按质量计)(%)	0	≤1.0	≤2.0

3)人工砂的石粉含量和泥块含量见表1－25。

表1－25 人工砂的石粉含量和泥块含量

类别		Ⅰ	Ⅱ	Ⅲ
*MB*值≤1.4	*MB*值	≤0.5	≤1.0	≤1.4或合格
	石粉含量(按质量计)(%)	≤10.0		
	泥块含量(按质量计)(%)	0	≤1.0	≤2.0
*MB*值>1.4	石粉含量(按质量计)(%)	≤1.0	≤3.0	≤5.0
	泥块含量(按质量计)(%)	0	≤1.0	≤2.0

4)砂中有害物质含量见表1－26。

表 1－26　砂中有害物质含量

项　　目	指　　标		
	Ⅰ类	Ⅱ类	Ⅲ类
云母(按质量计)(%)	≤1.0	≤2.0	≤2.0
轻物质(按质量计)(%)	≤1.0	≤1.0	≤1.0
有机物	合格	合格	合格
硫化物及硫酸盐(按 SO_3 质量计)(%)	≤0.5	≤0.5	≤0.5
氯化物(以氯离子质量计)(%)	≤0.01	≤0.02	≤0.06
贝壳(按质量计)(%)	≤3.0	≤5.0	≤8.0

5)砂的坚固性。

①天然砂采用硫酸钠溶液法进行试验，砂样经 5 次循环后其质量损失应符合表 1－27 的规定。

表 1－27　坚固性指标

项　　目	指　　标		
	Ⅰ类	Ⅱ类	Ⅲ类
质量损失(%)	≤8	≤8	≤10

②人工砂采用压碎指标法进行试验，压碎指标值应小于表 1－28 的规定。

表 1－28　压碎指标

项　　目	指　　标		
	Ⅰ类	Ⅱ类	Ⅲ类
单级最大压碎指标(%)	≤20	≤25	≤30

(3)砂石的技术要求。

1)卵石和碎石的颗粒级配见表 1－29。

表 1－29　卵石和碎石的颗粒级配

公称粒级(mm)		累计筛余(%)											
		方孔筛(mm)											
		2.36	4.75	9.50	16.0	19.0	26.5	31.5	37.5	53.0	63.0	75.0	90
连续粒级	5～16	95～100	85～100	30～60	0～10	0							
	5～20	95～100	90～100	40～80	—	0～10	0						
	5～25	95～100	90～100	—	30～70	—	0～5	0					
	5～31.5	95～100	90～100	70～90	—	15～45	—	0～5	0				
	5～40	—	95～100	70～90	—	30～65	—	—	0～5	0			

续上表

公称粒级(mm)		累计筛余(%) 方孔筛(mm)											
		2.36	4.75	9.50	16.0	19.0	26.5	31.5	37.5	53.0	63.0	75.0	90
单粒粒级	5～10	95～100	80～100	0～15	0								
	10～16		95～100	80～100	0～15								
	10～20		95～100	85～100		0～15	0						
	16～25			95～100	55～70	25～40	0～10						
	16～31.5		95～100		85～100			0～10	0				
	20～40			95～100		80～100			0～10	0			
	40～80					95～100			70～100		30～60	0～10	0

2)卵石和碎石的含泥量和泥块含量见表1－30。

表1－30　卵石和碎石的含泥量和泥块含量

项　　目	指　　标		
	Ⅰ类	Ⅱ类	Ⅲ类
含泥量(按质量计)(%)	≤0.5	≤1.0	≤1.5
泥块含量(按质量计)(%)	0	≤0.2	≤0.5

3)卵石和碎石的针片状颗粒含量见表1－31。

表1－31　卵石和碎石的针片状颗粒含量

项　　目	指　　标		
	Ⅰ类	Ⅱ类	Ⅲ类
针片状颗粒(按质量计)(%)	≤5	≤10	≤15

4)卵石和碎石中有害物质限量见表1－32。

表1－32　卵石和碎石中有害物质限量

项　　目	指　　标		
	Ⅰ类	Ⅱ类	Ⅲ类
有机物	合格	合格	合格
硫化物及硫酸盐(按 SO_3 质量计)(%)	≤0.5	≤1.0	≤1.0

5)采用硫酸钠溶液法进行试验，卵石和碎石经5次循环后，其质量损失见表1－33。

表1－33　坚固性指标

项　　目	指　　标		
	Ⅰ类	Ⅱ类	Ⅲ类
质量损失(%)	≤5	≤8	≤12

6)压碎指标值见表1－34。

表1－34 压碎指标

项 目	指 标		
	Ⅰ类	Ⅱ类	Ⅲ类
碎石压碎指标(%)	≤10	≤20	≤30
卵石压碎指标(%)	≤12	≤14	≤16

(4)卵石、碎石表观密度、连续级配松散堆积空隙率应符合如下规定。

表观密度不小于2 600 kg/m³；

连续级配松散堆积空隙率应符合表1－35的规定。

表1－35 连续级配松散堆积空隙率

类 别	Ⅰ类	Ⅱ类	Ⅲ类
空隙率(%)	≤43	≤45	≤47

三、施工机械要求

(1)施工机具设备基本要求见表1－36。

表1－36 施工机具设备基本要求

项目	内 容
主要机械	主要机械有蛙式打夯机、柴油打夯机、平板振捣器；大面积施工时应配备推土机、压路机(6～10 t)、铲土机、自卸汽车、翻斗车等
设备要求	蛙式打夯机、手扶式振动压路机、机动翻斗车等应选用噪声低、能耗低的环保型设备，禁止使用不合格的施工设备
设备保养	施工设备应定期保养，保持良好工作状态。使用柴油的设备，应能保证柴油充分燃烧，以避免不充分燃烧的尾气污染大气。设备维修时，应有接油盘，防止废油污染土地和地下水

(2)施工机具设备见表1－37。

表1－37 施工机具设备

项目	内 容
工具	木夯、手推车、铁锹、喷水用胶管、筛子、小线等
计量检测用具	水准仪、坡度尺、塞尺、靠尺、钢尺等
安全防护用品	绝缘手套、绝缘鞋、口罩、护目镜等

四、施工工艺解析

(1)砂垫层和砂石垫层基层施工见表1－38。

表1－38　砂垫层和砂石垫层基层施工

项目	内　容
基层处理	铺设砂或砂石垫层前先检验基土土质，清除松散土、积水、污泥、杂质，并打底夯两遍，使基土密实
检查原材料材质	在施工前，对砂和砂石进行材料进场检验。检查原材材质和原材的材质合格证明文件及检测报告，以保证所用材料符合设计及规范要求
分层	(1)砂石垫层的厚度一般不宜小于100 mm，铺时按线由一端向另一端分段铺设，摊铺均匀，不得有粗细颗粒分离现象，表面空隙应以粒径为5～25 mm的细砂石填补。 (2)砂垫层厚度不应小于60 mm，铺设同砂石垫层，亦应分层摊铺均匀，洒水湿润后，采用木夯或蛙式打夯机夯实，并达到表面平整、无松动为止，密实度应符合要求，并取样进行复试。高低差不大于20 mm，夯实后的厚度不应大于虚铺厚度的3/4。 (3)铺筑厚度。 1)当采用压路机压实时，每层虚铺厚度宜为250～350 mm； 2)采用轻型机械压实时，每层虚铺厚度宜为150～200 mm； 3)采用平板振捣器压实时，每层虚铺厚度宜为200～250 mm，含水率为15%～20%； 4)采用木夯压实时，每层虚铺厚度宜为150～200 mm，含水率为8%～12%； 5)采用手扶式压路机压实时，每层虚铺厚度为200～300 mm，含水率为8%～12%
洒水	铺完一段，压实前应洒水使表面保持湿润
夯打或碾压	(1)小面积房间采用木夯或蛙式打夯机夯实，不少于3遍；大面积宜采用小型振动压路机压实，不少于4遍，均夯(压)至表面平整不松动为止。 (2)分段施工时，接头处应做斜槎，上下层接头要错开500～1 000 mm
找平验收	(1)找平与验收：施工时应分层找平，夯压密实，测定质量密度，下层密实合格后，方可进行上层施工，最后一层压(夯)完成后，表面应拉线找平，标高符合设计要求。 (2)夯实后的砂或砂石垫层都需要做干密度试验，合格并由工长签认报告单后方可进行下道工序施工

(2)砂垫层和砂石垫层的成品保护及应注意的质量问题见表1－39。

表1－39　砂垫层和砂石垫层的成品保护及应注意的质量问题

项目	内　容
成品保护	(1)在已铺设的垫层上，不得用锤击的方法进行石料和砖料加工。 (2)垫层铺设后应尽快进行面层施工，防止长期暴露、行车、走人，造成松动。 (3)做好垫层周围的排水措施，防止受雨水浸泡造成下陷。 (4)紧靠已铺好的垫层部位，不得随意挖坑进行其他作业。 (5)冬期施工，因垫层较薄，在做面层前，应有防止基土受冻措施

续上表

项目	内　容
应注意的质量问题	(1)砂、砂石垫层施工，基土必须平整、坚实、均匀；局部松软土应清除，用同类土分层回填夯实；管道下部应回填土夯实；基土表面应避免受水浸润，基土表面与砂、砂石之间应先铺一层 5～25 mm 砂石或粗砂层做砂框，以防局部土下陷或软弱土层挤入砂或砂石空隙中而使垫层破坏。 (2)垫层铺设时每层厚度宜一次铺设，不得在夯压后再行补填或铲削。 (3)垫层分段铺设，应用挡板留直槎，不得留斜槎。 (4)夯压完的垫层如遇雨水浸泡基土或行驶车辆振动造成松动和地面开裂，应在排除积水和整平后，重新夯压密实。 (5)垫层铺设使用的砂、砂石粒径、级配应符合要求，摊铺厚度必须均匀一致，以防止厚薄不均、密实度不一致，而造成不均匀变形破坏

第三节　水泥混凝土垫层

一、验收条文

水泥混凝土垫层施工质量验收标准见表 1－40。

表 1－40　水泥混凝土垫层施工质量验收标准

项目	内　容
主控项目	(1)水泥混凝土垫层采用的粗骨料，其最大粒径不应大于垫层厚度的 2/3，含泥量不应大于 3%；砂为中粗砂，其含泥量不应大于 3%。 检验方法：观察检查和检查质量合格证明文件。 检查数量：同一工程、同一强度等级、同一配合比检查一次。 (2)水泥混凝土的强度等级应符合设计要求。 检验方法：检查配合比试验报告和强度等级检测报告。 检查数量：配合比试验报告按同一工程、同一强度等级、同一配合比检查一次；强度等级检测报告按《建筑地面工程施工质量验收规范》(GB 50209—2010)中第 3.0.19 条规定的检验批检查
一般项目	水泥混凝土垫层表面的允许偏差应符合本 1－1 的规定。 检验方法：按表 1－1 中的检验方法检验。 检查数量：按《建筑地面工程施工质量验收规范》(GB 50209—2010)中第 3.0.21 条规定的检验批和第 3.0.22 条的规定检查

二、施工材料要求

水泥混凝土垫层的施工材料见表 1－41。

表 1－41　水泥混凝土垫层的施工材料

项目	内　容
材料选用的基本要求	(1)建筑地面施工应体现我国的经济技术政策，在符合设计要求和满足使用功能的条件下，应充分采用地方材料，合理利用、推广回收工业废料，优先选用国产材料，尽量节约资源性原材料，做到技术先进、经济合理、控制污染、卫生环保、确保质量、安全适用。 (2)建筑地面各构造层所采用的原材料、半成品的品种、规格、性能等，应按设计要求选用，除应符合施工规范外，尚应符合现行国家、行业和有关产品材料标准和相关环境管理的规定。 (3)进场材料应有中文质量合格证书、产品性能检测报告、相应的环境保护参数，对重要材料应有复验报告，并经监理部门检查确认合格后方可使用，以控制材料质量和环境因素。 (4)建筑地面各构造层所采用拌和料的配合比或强度等级，应按施工规范规定和设计要求通过试验确定，由试验人员填写配合比通知单，施工过程中要严格计量，避免发生质量事故，造成返工而浪费原材料及人力资源。 (5)检验混凝土和水泥砂浆试块的组数，当改变配合比时，也相应地按规定制作试块组数，以保证质量。检验测试过而未粉碎的试块，反复和充分的利用，未被利用的，集中堆放到废物存放处，存放量够一车时，交有资质的单位处置。 (6)建筑地面施工所用材料的运输，散体材料装车时应低于车帮 5～10 cm，湿润的砂运输时，可以高出车帮，但四周要拍紧，防止遗撒；石灰、土方及其他松散材料必须苫盖，不得遗撒污染道路、产生扬尘污染空气
现场搅拌混凝土用材料	(1)水泥：普通硅酸盐水泥或强度等级不低于 32.5 级的矿渣硅酸盐水泥，安定性试验必须合格，无结块。 (2)石子：碎石含泥量不大于 2%；石子颗粒粒径不应大于垫层厚度的 2/3；一般粒径为 5～31.5 mm；当垫层厚度大于 150 mm 时，其粒径不得超过 40 mm；石子中不得混有草根、树叶等杂物。 (3)砂：中、粗砂其含泥量不大于 3%，不得含有草根、树叶、碎树枝等有机杂物。 (4)水：使用自来水；现场拌制混凝土时，按强度等级的质量配合比必须计量配料，严格控制加水，搅拌出来的物料应为半干硬性混凝土；塑性混凝土泌水大，振捣时平板振动器沉入混凝土中，起不到捣固作用，故应采用半干硬性混凝土，以保证垫层质量
商品混凝土	垫层如为商品混凝土，按合同规定供应，混凝土的净搅拌时间不小于 90 s，以保证混凝土的稠度；混凝土到现场后，应测定混凝土的坍落度和稠度以满足合同要求。否则，应退回重新拌制

三、施工机械要求

(1)施工机具设备基本要求见表 1－42。

表 1－42　施工机具设备基本要求

项目	内　容
主要机械	混凝土搅拌机、翻斗车、平板振捣器或插入式振捣器等
设备要求	选用噪声较低、能耗低的混凝土搅拌机、翻斗车、平板振捣器等设备
设备保养	机械设备要及时保养和维修，维修时应使用接油盘，避免废油污染水体和土体
设施要求	封闭式搅拌机棚、废水沉淀池

(2)施工机具设备见表 1－43。

表 1－43　施工机具设备

项目	内　容
工具	手推车、铁锹、筛子、刮杠、木抹子、胶皮水管、錾子、钢丝刷等
计量检测用具	磅秤、台秤、水准仪、靠尺、坡度尺、塞尺、钢尺等
安全防护用品	绝缘手套、绝缘鞋、口罩、手套、护目镜等

四、施工工艺解析

(1)水泥混凝土垫层基层施工见表 1－44。

表 1－44　水泥混凝土垫层基层施工

项目	内　容
基层处理	把黏结在基土层或结构基层上的浮浆、松动的基层、砂浆及杂物等用錾子剔掉，用钢丝刷刷掉水泥浆皮，然后用扫帚扫净，并洒水湿润，但表面不应留有积水
找标高、弹水平控制线	根据墙、柱上的＋500 mm(＋1 000 mm)水平标高线，往下量测出垫层水平标高，有条件可弹在四周墙上，或钉好水平控制桩，控制垫层标高。大面积垫层施工，水平桩间距宜3 m左右。也可用细石混凝土或砂浆做标记墩
混凝土输送及浇筑	(1)混凝土进场后应充分搅拌后再卸车，不允许任意加水，当混凝土发生离析时，浇筑前应二次搅拌。 (2)按现行规范《建筑地面工程施工质量验收规范》(GB 50209—2010)的要求检验水泥混凝土强度试块的组数，每一层(或检验批)建筑地面工程不应小于 1 组。当每一层(或检验批)建筑地面工程面积大于 1 000 m^2 时，每增加 1 000 m^2 应增做 1 组试块；小于 1 000 m^2 按1 000 m^2计算。当改变配合比时，亦应相应地制作试块组数。 (3)混凝土铺设时应从一端开始，由内向外退着铺设。混凝土的铺设应连续进行，一般间歇不得超过 2 h。大面积混凝土垫层应分区段进行浇筑，分区段应结合变形缝位置、不同类型的建筑地面连接处和设备基础的位置进行划分，并应与设置的纵向、横向缩缝的间距相一致。

续上表

项目	内　容
混凝土输送及浇筑	(4)室内地面的混凝土垫层应按设计和规范要求设置纵向缩缝和横向缩缝。纵向缩缝间距不得大于 6 m,横向缩缝不得大于 12 m。 (5)纵向缩缝应做平头缝或加肋板平头缝。当垫层厚度大于 150 mm 时,可做企口缝。横向缩缝应做假缝。 (6)平头缝和企口缝的缝间不得放置隔离材料,浇筑时应互相紧贴。企口缝的尺寸应符合设计要求,假缝宽度为 5～20 mm,深度为垫层厚度的 1/3,缝内填水泥砂浆
振捣	铺设混凝土时用铁锹铺混凝土,按水平控制桩严格控制,虚铺厚略高于找平墩,随即用平板振捣器振捣。厚度超过 200 mm 时,应采用插入式振捣器,做到不漏振,确保混凝土密实
找平	混凝土振捣密实后,按标高检查一下上平,然后用大杠刮平,表面再用木抹子搓平。如垫层较薄时,应严格控制铺摊厚度。有坡度要求的地面,应按设计要求找出坡度,最后应做泼水试验
养护	已浇筑完的混凝土,应在 12 h 左右覆盖和浇水,一般养护不得少于 7 d
冬期、雨期施工	凡遇冬期、雨期施工时,露天浇筑的混凝土垫层均应另行编制季节性施工方案,制订有效的技术措施,以确保混凝土的质量

(2)水泥混凝土垫层的成品保护及应注意的质量问题见表 1－45。

表 1－45　水泥混凝土垫层的成品保护及应注意的质量问题

项目	内　容
成品保护	(1)在已浇筑的垫层混凝土强度达到 1.2 MPa 以后,才可允许人员在其上走动和进行其他工序。 (2)在施工操作过程中,门框应预先有保护措施,并在铺设混凝土时要保护好地漏及电气、采暖等设备暗管。 (3)混凝土垫层养护后进行其他工种作业时,要防止油漆浆活污染垫层
应注意的质量问题	(1)混凝土不密实:主要由于漏振和振捣不密实,或配合比不准及操作不当而造成。基层未洒水太干燥和垫层过薄,也会造成不密实。 (2)表面不平、标高不准:操作时未认真找平。铺混凝土时必须根据所拉水平线掌握混凝土的铺设厚度,振捣后再次拉水平线检查平整度,去高填平后,用木刮杠以水平堆(或小木桩)为标准进行刮平。 (3)不规则裂缝:垫层面积过大、未分段分仓进行浇筑、首层暖沟盖板上未浇混凝土、首层地面回填土不均匀下沉或管线太多垫层厚度不足 60 mm 等因素,都能导致裂缝产生

第四节 找 平 层

一、验收条文

找平层施工质量验收标准见表1—46。

表1—46 找平层施工质量验收标准

项目	内 容
主控项目	(1)找平层采用碎石或卵石的粒径不应大于其厚度的2/3，含泥量不应大于2%；砂为中粗砂，其含泥量不应大于3%。 检验方法：观察检查和检查质量合格证明文件。 检查数量：同一工程、同一强度等级、同一配合比检查一次。 (2)水泥砂浆体积比、水泥混凝土强度等级应符合设计要求，且水泥砂浆体积比不应小于1∶3(或相应强度等级)；水泥混凝土强度等级不应小于C15。 检验方法：观察检查和检查配合比试验报告、强度等级检测报告。 检查数量：配合比试验报告按同一工程、同一强度等级、同一配合比检查一次；强度等级检测报告按按《建筑地面工程施工质量验收规范》(GB 50209—2010)中第3.0.19条规定的检验批检查。 (3)有防水要求的建筑地面工程的立管、套管、地漏处不应渗漏，坡向应正确、无积水。 检验方法：观察检查和蓄水、泼水检验及坡度尺检查。 检查数量：按《建筑地面工程施工质量验收规范》(GB 50209—2010)中第3.0.21条规定的检验批检查。 (4)在有防静电要求的整体面层的找平层施工前，其下敷设的导电地网系统应与接地引下线和地下接电体有可靠连接，经电性能检测且符合相关要求后进行隐蔽工程验收。 检验方法：观察检查和检查质量合格证明文件。 检查数量：按《建筑地面工程施工质量验收规范》(GB 50209—2010)中第3.0.21条规定的检验批检查
一般项目	(1)找平层与其下一层结合应牢固，不应有空鼓。 检验方法：用小锤轻击检查。 检查数量：按《建筑地面工程施工质量验收规范》(GB 50209—2010)中第3.0.21条规定的检验批检查。 (2)找平层表面应密实，不应有起砂、蜂窝和裂缝等缺陷。 检验方法：观察检查。 检查数量：按《建筑地面工程施工质量验收规范》(GB 50209—2010)中第3.0.21条规定的检验批检查。 (3)找平层的表面允许偏差应符合表1—1的规定。 检验方法：按表1—1中的检验方法检验。 检查数量：按《建筑地面工程施工质量验收规范》(GB 50209—2010)中第3.0.21条规定的检验批和第3.0.22条的规定检查

二、施工材料要求

找平层的施工材料见表1－47。

表1－47　找平层的施工材料

项目	内　容
材料选用的基本要求	(1)建筑地面施工应体现我国的经济技术政策，在符合设计要求和满足使用功能的条件下，应充分采用地方材料，合理利用、推广工业废料，优先选用国产材料，尽量节约资源性原材料，做到技术先进、经济合理、控制污染、卫生环保、确保质量、安全适用。 (2)建筑地面各构造层所采用的原材料、半成品的品种、规格、性能等，应按设计要求选用，除应符合施工规范外，尚应符合现行国家、行业和有关产品材料标准和相关环境管理的规定。 (3)进场材料应有中文质量合格证书、产品性能检测报告、相应的环境保护参数，对重要材料应有复验报告，并经监理部门检查确认合格后方可使用，以控制材料质量和环境因素。 (4)铺设板块面层、木竹面层所采用的胶黏剂、沥青胶结料和涂料等建材产品应按设计要求选用，并应符合现行国家标准《民用建筑工程室内环境污染控制规范》(GB 50325—2001)的规定，以控制对人体直接的危害。 (5)建筑地面各构造层所采用拌和料的配合比或强度等级，应按施工规范规定和设计要求通过试验确定，由试验人员填写配合比通知单，施工过程中要严格计量，避免发生质量事故，造成返工而浪费原材料及人力资源。 (6)建筑地面施工所用材料的运输，散体材料装车时应低于车帮5～10 cm，湿润的砂运输时，可以高出车帮，但四周要拍紧，防止遗撒；石灰、土方及其他松散材料必须苫盖，不得遗撒污染道路、产生扬尘污染空气。 (7)采用沥青胶结料(无特别注明时，均为石油沥青胶结料，下同)作为结合层和填缝料铺设板块面层、实木地板面层时，其环境温度不应低于5℃。固体沥青需要熬制时，宜选用无烟煤做燃料，操作人员应站在上风方向。利用电热器加热时，临时电源应符合《施工现场临时用电安全技术规范》(JGJ 46—2005)，并将火灾应急器材准备齐全，防止发生火灾或人员烫伤，剩余沥青冷却后回收入库，将现场清理干净
水泥	水泥宜采用硅酸盐水泥或普通硅酸盐水泥，亦可采用矿渣硅酸盐水泥，其强度等级不宜小于32.5级
砂	砂宜采用中粗砂，含泥量不大于3%，其质量应符合现行行业标准《普通混凝土用砂、石质量及检验方法标准》(JGJ 52—2006)的规定
石子	石子宜选用粒径为0.5～3.2 mm的碎石或卵石，最大粒径不应超过5 mm，并不得大于找平层厚度的2/3，含泥量不应大于2%。石子的质量应符合现行行业标准《普通混凝土用砂、石质量及检验方法标准》(JGJ 52—2006)的规定
沥青	沥青应采用石油沥青，其质量应符合现行国家标准《建筑石油沥青》(GB/T 494—2010)的规定，软化点按"环球法"试验时宜为50℃～60℃，不得大于70℃

续上表

项目	内　容
粉状填充料	粉状填充料应采用磨细的石料、砂或炉灰、粉煤灰、页岩灰和其他粉状的矿物质材料。不得采用石灰、石膏、泥岩灰或黏土作为粉状填充料。粉状填充料中小于0.08 mm的细颗粒含量不应小于85%。采用振动法使粉状填充料密实时，其空隙率不应大于45%。粉状填充料的含泥量不应大于3%
防水剂	防水剂一般为氯化物金属盐类防水剂(淡黄色液体)和金属皂类防水剂(乳白色浆状液体)

三、施工机械要求

(1)施工机具设备基本要求见表1－48。

表1－48　施工机具设备基本要求

项目	内　容
常用机械	砂浆搅拌机或混凝土搅拌机、翻斗车、平板振捣器
设备要求	应根据施工组织设计或专项施工方案的要求，合理选择满足施工需要、噪声低、能耗低的混凝土搅拌机、砂浆搅拌机等各种设备或器具，避免设备使用时噪声超标，漏油污染土地、污染地下水，加大水、电、油等资源消耗
设备保养	施工设备在每个作业班后应按规定进行日常的检测、保养和维修，保证设备经常处于完好状态，避免设备使用时意外漏油、加大噪声或油耗而加快设备磨损。当发现设备有异常时，应安排专人检查、排除或送维修单位立即抢修，防止设备带病作业加大能源消耗，产生漏油、噪声等污染源，并防止设备事故
设施要求	封闭式搅拌机棚、废水沉淀池

(2)施工机具设备见表1－49。

表1－49　施工机具设备

项目	内　容
工具	手推车、铁锹、筛子、刮械、木抹子、铁抹子、胶皮水管、錾子、钢丝刷
计量检测用具	水准仪、磅秤、台秤、靠尺、坡度尺、钢尺、量筒等
安全防护用品	绝缘手套、绝缘鞋、口罩、手套、护目镜等

四、施工工艺解析

(1)找平层基层施工见表1－50。

表 1－50　找平层基层施工

项目	内　　容
基层处理	(1)将结构层上的松散杂物清扫干净,凸出基层表面的硬块要剔平扫净。 (2)洒水湿润:在抹找平层之前,应对基层洒水湿润。用水泥砂浆或水泥混凝土铺设找平层,其下一层为水泥混凝土垫层时,应予湿润,当表面光滑时,应划(凿)毛。铺设时先刷一遍水泥浆,其水灰比宜为 0.4～0.5,并应随刷随铺
冲筋贴灰饼	根据＋500 mm 标高水平线,在地面四周做灰饼,大房间应相距 1.5～2 m 增加冲筋,如有地漏和有坡度要求的,应按设计要求做泛水坡度
混凝土或砂浆	(1)管根、地漏等处应在大面积抹灰前先做,有坡度要求的部位,必须满足排水要求。 (2)混凝土或砂浆铺设时应从一端开始,由内向外退着铺设。 (3)铺设找平层时应设置纵向缩缝和横向缩缝。纵向缩缝间距不得大于 6 m,横向缩缝不得大于 12 m
找平	大面积抹灰:在两筋中间铺砂浆,用抹子摊平,然后用短木杠根据两边冲筋标高刮平,再用木抹子找平,然后用木杠检查平整度
养护	找平层抹平、压实后,常温时在 24 h 后浇水养护,养护时间一般不少于 7 d

(2)找平层的成品保护及应注意的质量问题见表 1－51。

表 1－51　找平层的成品保护及应注意的质量问题

项目	内　　容
成品保护	(1)施工时应保护管线、设备等,不得碰撞移动位置。 (2)施工时应保护地漏、出水口等部位,必须加临时堵口,以免灌入砂浆等造成堵塞。 (3)水泥砂浆找平层滚压成活后,养护期内不得在上面走动或踩踏。 (4)在已经抹好的找平层上推小车运输时,应先铺脚手板车道,防止破坏找平层
应注意的质量问题	(1)找平层起砂:砂浆拌和配合比不准,强度等级不够或不稳定;抹压程度不足,养护过早、过晚,过早上人踩踏等均能引起找平层起砂。 (2)找平层空鼓、开裂:所用砂子过细,基层表面清理不干净,施工前未浇水或浇水养护不够;基底厚薄不均匀或施工中局部漏压

第五节　隔　离　层

一、验收条文

隔离层施工质量验收标准见表 1－52。

表 1－52 隔离层施工质量验收标准

项目	内 容
主控项目	(1)隔离层材料应符合设计要求和国家现行有关标准的规定。 检验方法:观察检查和检查型式检验报告,、出厂检验报告、出厂合格证。 检查数量:同一工程、同一材料、同一生产厂家、同一型号、同一规格、同一批号检查一次。 (2)卷材类、涂料类隔离层材料进入施工现场,应对材料的主要物理性能指标进行复验。 检验方法:检查复验报告。 检查数量:执行现行国家标准《屋面工程质量验收规范》(GB 50207—2002)的有关规定。 (3)厕浴间和有防水要求的建筑地面必须设置防水隔离层。楼层结构必须采用现浇混凝土或整块预制混凝土板,混凝土强度等级不应小于 C20;房间的楼板四周除门洞外应做混凝土翻边,高度不应小于 200 mm,宽同墙厚,混凝土强度等级不应小于 C20。施工时结构层标高和预留孔洞位置应准确,严禁乱凿洞。 检验方法:观察和钢尺检查。 检查数量:按《建筑地面工程施工质量验收规范》(GB 50209—2010)中第 3.0.21 条规定的检验批检查。 (4)水泥类防水隔离层的防水等级和强度等级应符合设计要求。 检验方法:观察检查和检查防水等级检测报告、强度等级检测报告。 检查数量:防水等级检测报告、强度等级检测报告均按《建筑地面工程施工质量验收规范》(GB 50209—2010)中第 3.0.19 条的规定检查。 (5)防水隔离层严禁渗漏,排水的坡向应正确、排水通畅。 检验方法:观察检查和蓄水、泼水检验、坡度尺检查及检查验收记录。 检查数量:按《建筑地面工程施工质量验收规范》(GB 50209—2010)中第 3.0.21 条规定的检验批检查
一般项目	(1)隔离层厚度应符合设计要求。 检验方法:观察检查和用钢尺、卡尺检查。 检查数量:按《建筑地面工程施工质量验收规范》(GB 50209—2010)中第 3.0.21 条规定的检验批检查。 (2)隔离层与其下一层应黏结牢固,不应有空鼓;防水涂层应平整、均匀,无脱皮、起壳、裂缝、鼓泡等缺陷。 检验方法:用小锤轻击检查和观察检查。 检查数量:按建筑地面工程施工质量验收规范》(GB 50209—2010)中第 3.0.21 条规定的检验批检查。 (3)隔离层表面的允许偏差应符合表 1－1 的规定。 检验方法:按表 1－1 中的检验方法检验。 检查数量:按《建筑地面工程施工质量验收规范》(GB 50209—2010)中第 3.0.21 条规定的检验批和第 3.0.22 条的规定检查

二、施工材料要求

隔离层的施工材料见表1—53。

表1—53　隔离层的施工材料

项目	内　容
材料选用的基本要求	(1)建筑地面施工应体现我国的经济技术政策，在符合设计要求和满足使用功能的条件下，应充分采用地方材料，合理利用、推广回收工业废料，优先选用国产材料，尽量节约资源性原材料，做到技术先进、经济合理、控制污染、卫生环保、确保质量、安全适用。 (2)建筑地面各构造层所采用的原材料、半成品的品种、规格、性能等，应按设计要求选用，除应符合施工规范外，尚应符合现行国家、行业和有关产品材料标准和相关环境管理的规定。 (3)进场材料应有中文质量合格证书、产品性能检测报告、相应的环境保护参数，对重要材料应有复验报告，并经监理部门检查确认合格后方可使用，以控制材料质量和环境因素。 (4)铺设板块面层、木竹面层所采用的胶黏剂、沥青胶结料和涂料等建材产品应按设计要求选用，并应符合现行国家标准《民用建筑工程室内环境污染控制规范》(GB 50325—2010)的规定，以控制对人体直接的危害。 (5)建筑地面各构造层所采用拌和料的配合比或强度等级，应按施工规范规定和设计要求通过试验确定，由试验人员填写配合比通知单，施工过程中要严格计量，避免发生质量事故，造成返工而浪费原材料及人力资源。 (6)采用沥青胶结料(无特别注明时，均为石油沥青胶结料，下同)作为结合层和填缝料铺设板块面层、实木地板面层时，其环境温度不应低于5℃。固体沥青需要熬制时，宜选用无烟煤做燃料，操作人员应站在上风方向。利用电热器加热时，临时电源应符合《施工现场临时用电安全技术规范》(JGJ 46—2005)，并将火灾应急器材准备齐全，防止发生火灾或人员烫伤，剩余沥青冷却后回收入库，将现场清理干净
沥青	沥青应采用石油沥青，其质量应符合现行国家标准《建筑石油沥青》(GB/T 494—1998)的规定，软化点按"环球法"试验时宜为50℃～60℃，不得大于70℃。建筑石油沥青的技术要求，见表1—54
粉状填充料	粉状填充料应符合本章第四节"找平层"中材料质量要求的规定，其最大粒径不应大于0.3 mm
纤维填充料	纤维填充料宜采用6级石棉和锯木屑，使用前应通过2.5 mm筛孔的筛子。石棉的含水率不应大于7%；锯木屑的含水率不应大于12%
水泥、砂、石子	参照本章第四节"找平层"中材料质量要求的规定
防水类涂料	防水类涂料应符合现行的产品标准的规定，并应经国家法定的检测单位检测认可。采用沥青基防水涂料、高聚物改性沥青防水涂料和合成高分子防水涂料时，其质量应符合现行国家标准《屋面工程技术规范》(GB 50345—2004)中材料质量要求的规定。 水乳型氯丁橡胶沥青防水涂料、聚氨酯防水涂料、水乳型SBS改性沥青防水涂料等，要求有材质证明和检测报告，其材料中有害物质复验应符合设计要求和《民用建筑工程室内环境污染控制规范》(GB 50325—2010)规范规定

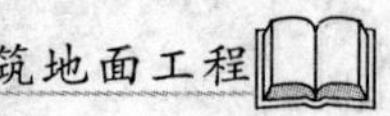

续上表

项目	内　　容
卷材	防水类卷材采用沥青防水卷材时，应符合现行国家标准《石油沥青纸胎油毡》(GB 326—2007)的规定；采用高聚物改性沥青防水卷材和合成高分子防水卷材的，应符合现行国家产品标准的规定，同样应符合现行国家标准《屋面工程技术规范》(GB 50345—2004)中材料质量要求的规定。 采用高聚物改性沥青防水卷材(又称 APF)和合成高分子防水卷材，厚度分别为 2～3 mm 和 1.2～2.0 mm，宽度不小于 1 000 mm，长度 10～20 m，要求有材质证明和检测报告
密封材料	密封材料为改性石油沥青密封材料或合成高分子密封材料(弹性体密封材料)。常用的合成高分子密封膏包括：双组分聚氨酯建筑密封膏、单组分丙烯酸乳胶密封膏、单组分氯磺化聚乙烯密封膏、塑料油膏等
防水剂	防水剂为水泥砂浆、混凝土防水剂(无机质、复合防水剂)。常用的有氯化物金属盐类防水剂、金属皂类防水剂和氯化铁防水剂等，要求有材质证明和检测报告
基层处理剂	卷材和涂料的基层处理剂，应用与卷材和涂料性能配套的冷底子油

表 1－54　建筑石油沥青的技术要求

项目	质量指标	
	10 号	30 号
针入度(25℃，100 g)(1/10 mm)	10～25	25～40
延度(25℃)(cm)	≥1.5	≥3
软化点(环球法)(℃)	≥95	≥70
溶解度(三氯甲烷、三氯乙烯、四氯化碳或苯)(%)	≥99.5	≥99.5
蒸发损失(160℃，5h)(%)	≥1	≥1
蒸发后针入度比(%)	≥65	≥65
闪点(开口)(℃)	≥230	≥230
脆点(℃)	报告	报告

三、施工机械要求

(1)施工机具设备基本要求见表 1－55。

表 1－55　施工机具设备基本要求

项目	内　　容
常用施工工具	搅拌器、汽油喷灯或专用火焰喷枪、手持压辊、剪刀、小平铲、扫帚、刷子、容器、橡胶刮板等
设备要求	应根据施工组织设计或专项施工方案的要求选用满足施工需要的设备和器具
设施要求	有专门熬制沥青的场所，并配置防火器具和防烫伤应急物资

(2)施工机具设备见表1－56。

表1－56　施工机具设备

项目	内　容
计量检测用具	水仪准、台秤、靠尺、坡度尺、塞尺、钢尺、配料斛等
安全防护用品	口罩、手套、护目镜、鞋罩等

四、施工工艺解析

(1)施工作业条件要求见表1－57。

表1－57　施工作业条件要求

项目	内　容
准备工作	(1)已对所覆盖的隐蔽工程进行验收且合格，并进行了隐检会签。 (2)施工前，应做好水平标志，以控制铺涂的高度和厚度，可采用竖尺、拉线、弹线等方法。 (3)找平层的坡度、管根、墙根已按防水要求做到收头圆滑，强度和干燥程度已达到施工要求的标准，同时做到清洁、平整、无起砂、空鼓、开裂。 (4)对所有作业人员已进行了技术交底，特殊工种必须持证上岗
环境要求	(1)作业时的环境如天气、温度、湿度等状况应满足施工质量可达到标准的要求。 (2)照明、通风和消防等措施已按相关规定到位，可满足安全健康环保施工的要求

(2)卷材类隔离层施工见表1－58。

表1－58　卷材类隔离层施工

项目	内　容
基层检查	在水泥类找平层上铺设防水卷材时，其表面应平整、坚固、洁净、干燥，其含水率不应大于9%。铺设前，应涂刷基层处理剂，以增强防水材料与找平层之间的黏结力。铺设卷材前，现场检查基层干燥程度的简易方法为：将1 m^2 卷材干铺在基层上，静置3～4 h后掀开，覆盖部位与卷材上未见水印者为符合要求
基层处理剂涂刷	喷、涂基层处理剂前首先将基层表面清扫干净，用毛刷对周边、拐角等部位先行涂刷处理。基层处理剂应采用与卷材性能配套的材料或采用同类涂料的底子油。可采用喷涂、刷涂施工，喷刷应均匀，待干燥后，方可铺贴卷材
卷材铺贴	铺贴前，应先做好节点密封处理。对管根、阴阳角部位的卷材应按设计要求先进行裁剪加工。铺贴顺序从低处向高处施工，坡度不大时，也可从里向外或从一侧向另一侧铺贴

(3)铺贴卷材采用搭接法，上下层卷材及相邻两幅卷材的搭接缝应错开。各种卷材的搭接宽度应符合表1－59的要求。

表 1－59 卷材搭接宽度 (单位:mm)

铺贴方法 卷材种类		短边搭接		长边搭接	
		满粘法	空铺、点粘、条粘法	满粘法	空铺、点粘、条粘法
沥青防水卷材		100	150	70	100
高聚物改性沥青卷材		80	100	80	100
合成高分子防水卷材	胶黏剂	80	100	80	100
	胶粘带	50	60	50	60
	单缝焊	60,有效焊接宽度不小于 25			
	双缝焊	80,有效焊接宽度 10×2＋空腔宽度			

(4)卷材的粘贴方法见表 1－60。

表 1－60 卷材的粘贴方法

项目		内　容
卷材与基层的粘贴方法		卷材与基层的粘贴方法可分为满粘法、空铺法、点粘法和条粘法等形式。通常采用满粘法，而空铺、点粘、条粘法更适合于防水层上有重物覆盖或基层变形较大的场合，是一种克服基层变形拉裂卷材防水层的有效措施。施工时，应根据设计要求和现场条件确定适当的粘贴方式
卷材的粘贴方法	冷粘法铺贴卷材	采用与卷材配套的胶黏剂，胶黏剂应涂刷均匀，不露底，不堆积。根据胶黏剂的性能，应控制胶黏剂涂刷与卷材铺贴的间隔时间。卷材下面的空气应排尽，并滚压黏结牢固。铺贴卷材应平整顺直，搭接尺寸准确，不得扭曲、皱折。接缝口应用密封材料封严，宽度不应小于 10 mm
	热熔法铺贴卷材	火焰加热器加热卷材要均匀，不得过分加热或烧穿卷材，厚度小于 3 mm 的高聚物改性沥青防水卷材严禁采用热熔法施工。卷材表面热熔后应立即滚铺卷材，卷材下面的空气应排尽，并滚压黏结牢固，不得空鼓。卷材接缝部位必须溢出热熔的改性沥青胶。铺贴的卷材应平整顺直，搭接尺寸准确，不得扭曲、皱折
	自粘法铺贴卷材	铺贴卷材时应将自粘胶底面的隔离纸全部撕净，在基层表面涂刷的基层处理剂干燥后及时铺贴。卷材下面的空气应排尽，并滚压黏结牢固。铺贴的卷材应平整顺直，搭接尺寸准确，不得扭曲、皱折，搭接部位宜采用热风加热，随即粘贴牢固。接缝口应用密封材料封严，宽度不应小于 10 mm
	卷材热风焊接	焊接前卷材的铺设应平整顺直，搭接尺寸准确，不得扭曲、皱折。卷材的焊接面应清扫干净，无水滴、油污及附着物。焊接时应先焊长边搭接缝，后焊短边搭接缝。控制热风加热温度和时间，焊接处不得有漏焊、跳焊、焊焦或焊接不牢现象。焊接时不得损伤非焊接部位的卷材

(5)涂膜类隔离层施工见表1－61。

表1－61　涂膜类隔离层施工

项目	内　容
清理基层	涂刷前,先将基层表面的杂物、砂浆硬块等清扫干净,并用干净的湿布擦一遍,经检查基层无不平、空裂、起砂等缺陷,方可进行下道工序。在水泥类找平层上铺设防水涂料时,其表面应坚固、洁净、干燥
涂刷底胶	将配好的底胶料,用长把滚刷均匀涂刷在基层表面。涂刷后至手感不粘时,即可进行下道工序
涂膜料配制	根据要求的配合比将材料配合、搅拌至充分拌和均匀即可使用。拌好的混合料应在限定时间内用完
附加涂膜层	对穿过墙、楼板的管根部、地漏、排水口、阴阳角、变形缝等薄弱部位,应在涂膜层大面积施工前,先做好上述部位的增强涂层(附加层)。做法为在附加层中铺设要求的纤维布,涂刷时用刮板刮涂料驱除气泡,将纤维布紧密地粘贴在基层上,阴阳角部位一般为条形,管根部位为扇形
涂层施工	涂刷第一道涂膜:在底胶及附加层部位的涂膜固化干燥后,先检查附加层部位有无残留气泡或气孔,如没有即可涂刷第一层涂膜;如有则应用橡胶刮板将涂料用力压入气孔,局部再刷涂膜,然后进行第一层涂刷。涂刷时,用刮板均匀涂刮,力求厚度一致,达到规定厚度。铺贴胎体增强材料(如设计要求时)涂刮第二道涂膜:第一道涂膜固化后,即可在其上均匀涂刮第二道涂膜,涂刮方向应与第一道相垂直

(6)水泥类隔离层施工见表1－62。

表1－62　水泥类隔离层施工

项目	内　容
JJ91硅质密实剂	(1)当采用水泥防水砂浆和水泥防水混凝土铺设刚性防水隔离层时,通常在水泥砂浆和水泥混凝土中掺入JJ91硅质密实剂。 (2)在水泥砂浆和水泥混凝土中,JJ91硅质密实剂的掺量,宜为水泥质量的10%或由试验确定。水泥砂浆的体积配合比应为1∶2.5～1∶3(水泥∶砂),水泥混凝土的强度等级宜为C20。 (3)水泥防水砂浆的铺设厚度不应小于30 mm,水泥防水混凝土的铺设厚度不应小于50 mm,并在水泥终凝前完成平整压实工作。 (4)掺用JJ91硅质密实剂后,水泥砂浆和水泥混凝土的技术性能应符合表1－63和表1－64的规定
搅拌时间	当采用掺有防水剂的水泥类找平层作为防水隔离层时,搅拌时间应适当延长,一般不宜少于2 min
操作要点	施工操作与水泥砂浆或水泥混凝土找平层施工操作要点相同

表 1-63　水泥砂浆(掺入 JJ91 硅质密实剂)技术性能

试验项目＼性能指标		一等品	合格品	JJ91 硅质密实剂试验结果
安定性		合格	合格	合格
凝结时间	初凝不早于(min)	45	45	123
	终凝不迟于(h)	10	10	5
抗压强度比(%)	7d	≥100	≥95	≥95.1
	28d	≥90	≥85	≥127.4
	90d	≥85	≥80	≥100.1
透水压力比(%)		≥300	≥200	≥300
48 h 吸水量比(%)		≤65	≤75	≤72.8
90 d 收缩率比(%)		≤110	≤120	≤98.2

注:本表除凝结时间和安定性为受检净浆的试验结果以外,其他数据均为受检砂浆与基准砂浆的比值。

表 1-64　水泥混凝土(掺入 JJ91 硅质密实剂)技术性能

试验项目＼性能指标			一等品	合格品	JJ91 硅质密实剂试验结果
安定性			合格	合格	合格
凝结时间差(min)		初凝	-90～+120	-90～+120	+33
		终凝	-120～+120	-90～+120	+66
泌水率比(%)			≤80	≤90	≤0
抗压强度比(%)		7 d	≥110	≥100	≥127
		28 d	≥100	≥95	≥104
		90 d	≥100	≥90	≥95.6
透水高度比(%)			≥30	≥40	≥38
48 h 吸水量比(%)			≤65	≤75	≤72.4
90 d 收缩率比(%)			≤110	≤120	≤93
抗冻性能(50 次冻触循环)(%)	慢冻法	抗压强度损失率比	≤100	≤100	≤86.5
		质量损失比	≤100	≤100	≤7.3
	快冻法	相对动弹性模量比	≥100	≥100	—
		质量损失比	≤100	≤100	—
对钢筋的锈蚀作用					无锈蚀危害

(7)应注意的质量问题。

1)卷材隔离层与基层结合不牢的问题见表 1-65。

表 1－65　卷材隔离层与基层结合不牢的问题

项目	内　　容
现象	卷材隔离层铺贴后,发现边角有起翘现象,用力向上撕揭时,卷材隔离层即与基层(或找平层)剥离,有时还会带起基层(或找平层)上的浮灰
原因分析	(1)铺贴卷材隔离层前,对基层(或找平层)表面清理不干净,有浮灰等污物。 (2)基层(或找平层)质量较差,有起皮或起砂现象。 (3)基层(或找平层)含水量较大,影响卷材隔离层与其黏结牢固。 (4)冷底子油涂刷粗糙,有露底和麻点现象。 (5)铺贴卷材时,热沥青(或沥青胶泥)温度偏低,使卷材与基层(或找平层)黏结不牢
预防措施	(1)重视基层(或找平层)的清理工作。铺贴卷材前 1～2 d,清扫干净后,可用湿拖把将表面的浮灰等污物清除干净。 (2)基层(或找平层)含水量应适当、视气候情况,拟在表层呈现白色干燥状态时施工为宜。 (3)当基层(或找平层)表面质量存在起皮、起砂等质量缺陷时,应作认真处理后,再进行卷材隔离层的铺设。 (4)涂刷冷底子油应均匀,不得有露底或麻点现象。冷底子油拟涂刷两遍,第一遍的作用是使冷底子油渗入水泥砂浆、混凝土表面的细微孔洞内,生根结牢;第二遍的作用则要在第一遍冷底子油的油层上生成一层均匀而又黏得很牢的薄膜,增加冷底子油的厚度,以便与其上的卷材隔离层和其下的基层黏结牢固。 (5)铺贴卷材时,热沥青(或沥青胶泥)的温度不应过低。采用建筑石油沥青时,不宜低于 180℃;建筑石油沥青与普通石油沥青混用时,不宜低于 200℃;采用普通石油沥青时,不宜低于 220℃
治理办法	(1)若卷材隔离层与基层(或找平层)剥离不严重,可重点在四周边角处将卷材层揭起后补浇热沥青,使其黏结牢固。局部鼓泡时,可戳破放气后补浇热沥青,并补贴一层卷材。 (2)若卷材隔离层与基层(或找平层)剥离严重或引发其他较严重的质量缺陷,应予翻修或返工,弄清质量问题产生的原因后再予施工

2)楼层地面渗漏水的问题见表 1－66。

表 1－66　楼层地面渗漏水的问题

项目	内　　容
现象	主要在隔离层进行蓄水试验时,在立管、套管及地漏等处出现渗漏水现象
原因分析	(1)浇筑楼面混凝土时,预留的管道口位置不对,安装管道时,临时凿洞穿管,造成洞口周围混凝土损伤较大,严重时产生裂缝、松动。 (2)在立管、套管、地漏等处周围进行嵌补混凝土时,施工操作不细致,捣固不实,压光不及时,养护不重视,存在细微裂缝。 (3)做防水隔离层时,在立管、套管、地漏等薄弱部位,没有增设防水附加层

续上表

项目	内　容
预防措施	(1)浇筑楼面混凝土时，各种管道位置预留应正确，尽量避免斩凿楼面混凝土。 (2)在管道周围孔隙处，宜先用防水油膏做封闭处理，然后浇筑混凝土嵌补。 (3)在管道周围嵌补混凝土时，应精心操作，对洞口处原楼面混凝土应作充分湿润。浇混凝土前，刷一遍纯水泥浆，后随即用细石混凝土浇筑，捣固要密实，压光要及时，完成后要认真养护。 (4)做防水隔离层时，在穿越楼面的管道周围以及墙和地面的阴角等部位，应增设一层防水附加层，以加强防水效果
治理办法	对产生渗漏的部位，应作翻修处理。可将管道周围的隔离层、找平层乃至基层凿除后，重新按上述预防措施要求进行施工

第二章　整体面层铺设

第一节　水泥混凝土面层

一、验收条文

(1)整体面层的允许偏差和检验方法应符合表2—1的规定。

表2—1　整体面层的允许偏差和检验方法　　(单位:mm)

项次	项目	允许偏差									检验方法
		水泥混凝土面层	水泥砂浆面层	普通水磨石面层	高级水磨石面层	水泥钢(铁)屑面层	防油渗混凝土和不发火(防爆)面层	自流平面层	涂料面层	塑料面层	
1	表面平整度	5	4	3	2	4	5	2	2	2	用2 m靠尺和楔形塞尺检查
2	踢脚线上口平直	4	4	3	3	4	4	3	3	3	拉5 m线和用钢尺检查
3	缝格平直	3	3	3	2	3	3	2	2	2	

(2)水泥混凝土面层施工质量验收标准见表2—2。

表2—2　水泥混凝土面层施工质量验收标准

项目	内　　容
主控项目	(1)水泥混凝土采用的粗骨料,最大粒径不应大于面层厚度的2/3,细石混凝土面层采用的石子粒径不应大于16 mm。 检验方法:观察检查和检查质量合格证明文件。 检查数量:同一工程、同一强度等级、同一配合比检查一次。 (2)防水水泥混凝土中掺入的外加剂的技术性能应符合国家现行有关标准的规定,外加剂的品种和掺量应经试验确定。 检验方法:检查外加剂合格证明文件和配合比试验报告。 检查数量:同一工程、同一品种、同一掺量检查一次。 (3)面层的强度等级应符合设计要求,且强度等级不应小于C20。 检验方法:检查配合比试验报告和强度等级检测报告。 检查数量:配合比试验报告按同一工程、同一强度等级、同一配合比检查一次;强度等级检测报告按《建筑地面工程施工质量验收规范》(GB 50209—2010)中第3.0.19条规定的检验批检查。

续上表

项目	内　容
主控项目	(4)面层与下一层应结合牢固，且应无空鼓和开裂。当出现空鼓时，空鼓面积不应大于400 mm^2，且每自然间或标准间不应多于2处。 检验方法：观察和用小锤轻击检查。 检查数量：按《建筑地面工程施工质量验收规范》(GB 50209—2010)中第3.0.21条规定的检验批检查
一般项目	(1)面层表面应洁净，不应有裂纹、脱皮、麻面、起砂等缺陷。 检验方法：观察检查。 检查数量：按《建筑地面工程施工质量验收规范》(GB 50209—2010)中第3.0.21条规定的检验批检查。 (2)面层表面的坡度应符合设计要求，不应有倒泛水和积水现象。 检验方法：观察和采用泼水或用坡度尺检查。 检查数量：按《建筑地面工程施工质量验收规范》(GB 50209—2010)中第3.0.21条规定的检验批检查。 (3)踢脚线与柱、墙面应紧密结合，踢脚线高度和出柱、墙厚度应符合设计要求且均匀一致。当出现空鼓时，局部空鼓长度不应大于300 mm，且每自然间或标准间不应多于2处。 检验方法：用小锤轻击、钢尺和观察检查。 检查数量：按《建筑地面工程施工质量验收规范》(GB 50209—2010)中第3.0.21条规定的检验批检查。 (4)楼梯、台阶踏步的宽度、高度应符合设计要求。楼层梯段相邻踏步高度差不应大于10 mm；每踏步两端宽度差不应大于10 mm，旋转楼梯梯段的每踏步两端宽度的允许偏差不应大予5 mm。踏步面层应做防滑处理，齿角应整齐，防滑条应顺直、牢固。 检验方法：观察和用钢尺检查。 检查数量：按《建筑地面工程施工质量验收规范》(GB 50209—2010)中第3.0.21条规定的检验批检查。 (5)水泥混凝土面层的允许偏差应符合表2－1的规定。 检验方法：按表2－1中的检验方法检验。 检查数量：按《建筑地面工程施工质量验收规范》(GB 50209—2010)中第3.0.21条规定的检验批和第3.0.22条的规定检查

二、施工材料要求

水泥混凝土面层材料要求见表2－3。

表2－3　水泥混凝土面层材料要求

项目	内　容
材料选用的基本要求	(1)建筑地面施工应体现我国的经济技术政策，在符合设计要求和满足使用功能条件下，应充分采用地方材料，合理利用、推广工业废料，优先选用国产材料，尽量节约资源性原材料，做到技术先进、经济合理、控制污染、卫生环保、确保质量、安全适用。

续上表

项目	内　容
材料选用的基本要求	(2)建筑地面各构造层所采用的原材料、半成品的品种、规格、性能等,应按设计要求选用,除应符合施工规范外,尚应符合现行国家、行业和有关产品材料标准和相关环境管理的规定。 (3)进场材料应有中文质量合格证书、产品性能检测报告、相应的环境保护参数,对重要材料应有复验报告,并经监理部门检查确认合格后方可使用,以控制材料质量和环境因素。 (4)建筑地面各构造层所采用拌和料的配合比或强度等级,应按施工规范规定和设计要求通过试验确定,由试验人员填写配合比通知单,施工过程中要严格计量,避免发生质量事故,造成返工而浪费原材料及人力资源。 (5)检验混凝土和水泥砂浆试块的组数,当改变配合比时,也相应地按规定制作试块组数,以保证质量。检验测试过而未粉碎的试块,应作充分的利用,未被利用的,集中堆放到废物存放处,存放量够一车时,交有资质的单位处理。 (6)建筑地面施工所用材料的运输,散体材料装车时应低于车帮 5～10 cm,湿润的砂运输时,可以高出车帮,但四周要拍紧,防止遗撒;石灰、土方及其他松散材料必须苫盖,不得遗撒污染道路,产生扬尘污染空气
定义	水泥混凝土面层是采用粗细骨料(碎石、卵石和砂),以水泥材料作胶结料,加水按一定的配合比,经拌制而成的混凝土拌和料铺设在建筑地面的基层上
强度等级	水泥混凝土面层的混凝土强度等级按设计要求,但不应低于 C20;水泥混凝土面层兼垫层时,其强度等级不应低于 C15。在民用建筑地面工程中,因厚度较薄,水泥混凝土面层多数做法为细石混凝土面层
地面构造	水泥混凝土面层的厚度为 30～40 mm;面层兼垫层的厚度按设计的垫层确定,但不应小于 60 mm。其构造做法如图 2－1 所示
水泥	水泥采用通用硅酸盐水泥、矿渣硅酸盐水泥等,矿渣硅酸盐水泥强度等级不应小于 32.5 级
粗骨料(石料)	粗骨料采用碎石或卵石,级配应适当,其最大粒径不应大于面层厚度的 2/3;当采用细石混凝土面层时,石子粒径不应大于 15 mm,含泥量不应大于 2%。石料的质量应符合《普通混凝土用砂、石质量及检验方法标准》(JGJ 52—2006)的要求
细骨料(砂子)	砂应采用粗砂或中粗砂,含泥量不应大于 3%。砂子的质量应符合《普通混凝土用砂、石质量及检验方法标准》(JGJ 52—2006)的要求
水	采用饮用水

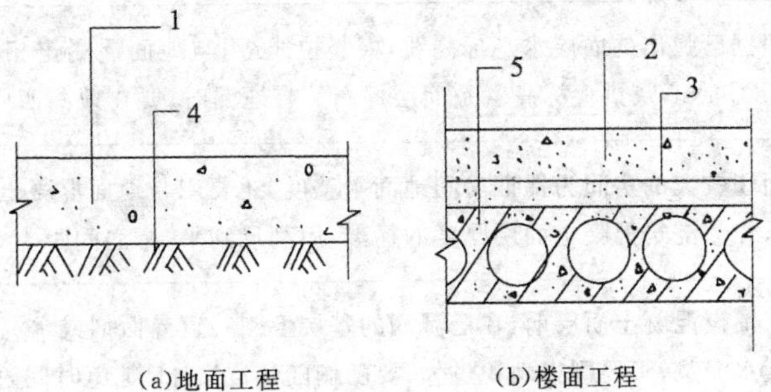

(a)地面工程　　(b)楼面工程

图 2－1　混凝土楼地面构造示意

1—混凝土面层兼垫层;2—细石混凝土面层;3—水泥类找平层;4—基土(素土夯实);5—楼层结构(空心板或现浇板)

三、施工机械要求

(1)施工机具设备基本要求见表2—4。

表2—4 施工机具设备基本要求

项目	内容
主要机械设备	混凝土搅拌机、混凝土输送泵、平板式振动器、机动翻斗车、切缝机等
设备要求	应按施工组织设计或专项施工方案的要求选用满足施工需要、噪声和能耗低的设备
设施要求	封闭式搅拌机棚、废水沉淀池

(2)施工机具设备见表2—5。

表2—5 施工机具设备

项目	内容
工具	平锹、铁滚筒、木抹子、铁抹子、长刮杠、小桶、筛孔为5 mm的筛子、钢丝刷、笤帚、手推胶轮车等
计量检测用具	磅秤、台秤、水准仪、靠尺、坡度尺、塞尺、钢尺等
安全防护用品	绝缘手套、绝缘鞋、口罩、手套、护目镜等

四、施工工艺解析

(1)水泥混凝土面层施工见表2—6。

表2—6 水泥混凝土面层施工

项目	内容
基层处理	先将灰尘清扫干净,然后将粘在基层上的浆皮铲掉,如楼板表面有油污,应清洗干净
找标高、弹面层水平线	根据墙面上已有的+500 mm水平标高线,量测出地面面层的水平线,弹在四周墙面上,并要与房间以外的楼道、楼梯平台、踏步的标高一致
洒水湿润	在抹面层前一天对基层表面进行洒水湿润
抹灰饼	根据已弹出的面层水平标高线,横竖拉线,用与地面混凝土相同的材料抹灰饼,横竖间距1.5 m,灰饼上标高就是面层标高。有地漏时,要在地漏四周做出5%的泛水坡度
抹标筋	面积较大的房间为保证房间地面平整度,还要用与地面混凝土相同的材料做标筋(冲筋),作为浇筑混凝土面层厚度的标准,用刮尺刮平,标筋间距1.50 cm
刷素水泥砂浆结合层	在铺设混凝土面层前,在已湿润的基层上刷一道界面剂或水泥∶水=1∶(0.4～0.5)的素水泥浆,不要刷得面积过大,要随刷随铺混凝土,避免时间过长水泥浆风干导致面层空鼓

续上表

项目	内　　容
浇筑混凝土	(1)混凝土搅拌:混凝土面层的强度等级应按设计要求做试配,如设计无要求时,应不小于C20,由试验室根据原材料情况计算出配合比,应用搅拌机进行搅拌均匀,坍落度不宜大于30 mm,并按规定制作混凝土试块。 (2)面层混凝土铺设。 1)将搅拌好的混凝土铺抹到地面基层上(水泥浆结合层要随刷随铺),紧接着用2 m长刮杠顺着标筋刮平,然后用滚筒(常用的为直径20 cm,长度80～100 cm的混凝土或铁制滚筒,厚度较大时应用平板振动器)往返、纵横滚压,如有凹处用同配合比混凝土填平,直到表面出浆,撒一层干拌水泥砂(水泥∶砂＝1∶1)拌和料,要撒匀(砂要过3 mm筛),再用2 m长刮杠刮平(操作时均要从房间内往外退着走)。 2)水泥混凝土面层应连续浇筑,不应留施工缝。如间歇时间超过允许规定时,在继续浇筑前应对已凝结的混凝土接槎处进行处理,刷一道素水泥浆,其水灰比为0.4～0.5,再浇筑混凝土,并应捣实压平,不显接头槎
抹面层、压光	(1)当面层灰面吸水后,用木抹子用力搓打、抹平,将干水泥砂浆拌和料与细石混凝土的浆混合,形成致密的表层。 (2)第一遍抹压:用铁抹子轻轻抹压一遍直至出浆为止。 (3)第二遍抹压:当面层砂浆凝结后,地面面层上有脚印但走上去不下陷时,用铁抹子进行第二遍抹压,把凹坑、砂眼填实抹平,注意不得漏压。 (4)第三遍抹压:当面层上人稍有脚印,用铁抹子压光无抹痕时,可用铁抹子进行第三遍压光,此遍要用力抹压,把所有抹纹压平压光,达到面层表面密实光洁(必须在终凝前完成)
养护	面层抹压完24 h后进行洒水养护,每天不少于2次,养护时间一般至少不少于7 d(房间应封闭,养护期间禁止进入)
设置分格缝	(1)地下车库、生产车间等大面积水泥混凝土面层铺设应设置分格缝,分格缝的设置应合理,与框架柱网布局协调,且分块面积一般不大于36 m^2,与基层分格缝位置应一致。 (2)分格缝可预埋分格条或用无齿锯切割
垫层或楼板兼面层施工	应采用随捣随抹的方法。可用适量干拌的水泥和砂均匀地撒在混凝土面上,其水泥与砂的体积比宜为1∶(2.0～2.5),用以上同样的方法进行抹平和压光
抹踢脚线	(1)有墙面抹灰层的踢脚板,底层砂浆和面层砂浆分两次抹成,无墙面抹灰层的只抹面层砂浆。踢脚板厚度应按设计要求执行,如设计无要求时,踢脚高应为100～150 mm,厚度宜为比墙面高出6～8 mm。 (2)踢脚板抹底层水泥砂浆:清理基层,洒水湿润后,按标高线向下量至踢脚板标高拉通线确定底灰厚度、套方、贴灰饼、抹1∶3水泥砂浆,用刮板刮平,搓平整,扫毛浇水养护。在大模板施工的墙面上、混凝土砌块墙上、加气混凝土墙上抹踢脚板需刷界面剂或掺有建筑胶的水泥浆,砂浆比例按工程设计要求。 (3)踢脚板抹面层砂浆:底层砂浆抹好、硬化后,拉线粘贴靠尺板,抹1∶2水泥砂浆,抹子上灰,压抹,用角抹子溜直压光
冬期施工	冬期施工的环境温度不应低于5℃,并且注意保温养护

(2)水泥混凝土面层的成品保护及应注意的质量问题见表2－7。

表2－7　水泥混凝土面层的成品保护及应注意的质量问题

项目	内　　容
成品保护	(1)在操作过程中,注意运灰双轮车不得损坏门框及铺设在基层的各种管线。 (2)面层抹压过程中随时将脚印抹平,并封闭通过操作房间的一切通路。 (3)面层压光交活后在养护过程中,封闭门口和通道,不得有其他工种进入操作,避免造成表面起砂现象。 (4)面层养护时间符合要求可以上人操作时,防止硬器划伤地面,在油漆刷浆过程中防止污染面层
应注意的质量问题	(1)面层起砂、起皮:由于水泥强度不够或使用过期水泥、水灰比过大抹压遍数不够、养护期间过早进行其他工序操作,都易造成起砂现象。在抹压过程中撒干水泥面(应撒水泥砂拌和料)不均匀,有厚有薄,表面形成一层薄厚不匀的水泥层,未与混凝土很好的结合,会造成面层起皮。如果面层有泌水现象,要立即撒水泥砂(水泥∶砂＝1∶1)干拌和料,撒均匀、薄厚一致,木抹子搓压要用力,使面层与混凝土结合成整体。 (2)面层空鼓、有裂纹:由于铺混凝土前基层不干净,如有水泥浆皮及油污,或刷水泥浆结合层时面积过大用扫帚扫、甩浆等都易导致面层空鼓。由于混凝土的坍落度过大滚压后面层水分过多,撒干拌和料后终凝前尚未完成抹压工序,造成面层结构不紧密易开裂。 (3)面层抹纹多,不光:主要原因是铁抹子抹压遍数不够或交活太早,最后一遍抹压时应均匀,将抹纹压平压光

第二节　水泥砂浆面层

一、验收条文

水泥砂浆面层施工质量验收标准见表2－8。

表2－8　水泥砂浆面层施工质量验收标准

项目	内　　容
主控项目	(1)水泥宜采用硅酸盐水泥、普通硅酸盐水泥,不同品种、不同强度等级的水泥不应混用;砂应为中粗砂,当采用石屑时,其粒径应为1～5 mm,且含泥量不应大于3%;防水水泥砂浆采用的砂或石屑,其含泥量不应大于1%。 检验方法:观察检查和检查质量合格证明文件。 检查数量:同一工程、同一强度等级、同一配合比检查一次。 (2)防水水泥砂浆中掺入的外加剂的技术性能应符合国家现行有关标准的规定,外加剂的品种和掺量应经试验确定。 检验方法:观察检查和检查质量合格证明文件、配合比试验报告。 检查数量:同一工程、同一强度等级、同一配合比、同一外加剂品种、同一掺量检查一次。

续上表

项目	内 容
主控项目	(3)水泥砂浆的体积比(强度等级)应符合设计要求,且体积比应为1∶2,强度等级不应小于M15。 检验方法:检查强度等级检测报告。 检查数量:按《建筑地面工程施工质量验收规范》(GB 50209—2010)中第3.0.19条规定的检验批检查。 (4)有排水要求的水泥砂浆地面,坡向应正确、排水通畅;防水水泥砂浆面层不应渗漏。 检验方法:观察检查和蓄水、泼水检验或坡度尺检查及检查检验记录。 检查数量:按《建筑地面工程施工质量验收规范》(GB 50209—2010)中第3.0.21条规定的检验批检查。 (5)面层与下一层应结合牢固,且应无空鼓和开裂。当出现空鼓时,空鼓面积不应大于400 cm^2,且每自然间或标准间不应多于2处。 检验方法:观察和用小锤轻击检查。 检查数量:按《建筑地面工程施工质量验收规范》(GB 50209—2010)中第3.0.21条规定的检验批检查
一般项目	(1)面层表面的坡度应符合设计要求,不应有倒泛水和积水现象。 检验方法:观察和采用泼水或坡度尺检查。 检查数量:按《建筑地面工程施工质量验收规范》(GB 50209—2010)中第3.0.21条规定的检验批检查。 (2)面层表面应洁净,不应有裂纹、脱皮、麻面、起砂等现象。 检验方法:观察检查。 检查数量:按《建筑地面工程施工质量验收规范》(GB 50209—2010)中第3.0.21条规定的检验批检查。 (3)踢脚线与柱、墙面应紧密结合,踢脚线高度及出柱、墙厚度应符合设计要求且均匀一致。当出现空鼓时,局部空鼓长度不应大于300 mm,且每自然间或标准间不应多于2处。 检验方法:用小锤轻击、钢尺和观察检查。 检查数量:按《建筑地面工程施工质量验收规范》(GB 50209—2010)中第3.0.21条规定的检验批检查。 (4)楼梯、台阶踏步的宽度、高度应符合设计要求。楼层梯段相邻踏步高度差不应大于10 mm每踏步两端宽度差不应大于10 mm,旋转楼梯梯段的每踏步两端宽度的允许偏差不应大于5 mm。踏步面层应做防滑处理,齿角应整齐,防滑条应顺直、牢固。 检验方法:观察和用钢尺检查。 检查数量:按《建筑地面工程施工质量验收规范》(GB 50209—2010)中第3.0.21条规定的检验批检查。 (5)水泥砂浆面层的允许偏差应符合表2-1的规定。 检验方法:按表2-1中的检验方法检验。 检查数量:按《建筑地面工程施工质量验收规范》(GB 50209—2010)中第3.0.21条规定的检验批和第3.0.22条的规定检查

二、施工材料要求

水泥砂浆面层材料要求见表2－9。

表2－9　水泥砂浆面层材料要求

项目	内　容
材料选用的基本要求	(1)建筑地面施工应体现我国的经济技术政策，在符合设计要求和满足使用功能的条件下，应充分采用地方材料，合理利用、推广工业废料，优先选用国产材料，尽量节约资源性原材料，做到技术先进、经济合理、控制污染、卫生环保、确保质量、安全适用。 (2)建筑地面各构造层所采用的原材料、半成品的品种、规格、性能等，应按设计要求选用，除应符合施工规范外，尚应符合现行国家、行业和有关产品材料标准和相关环境管理的规定。 (3)进场材料应有中文质量合格证书、产品性能检测报告、相应的环境保护参数，对重要材料应有复验报告，并经监理部门检查确认合格后方可使用，以控制材料质量和环境因素。 (4)建筑地面各构造层所采用拌和料的配合比或强度等级，应按施工规范规定和设计要求通过试验确定，由试验人员填写配合比通知单，施工过程中要严格计量，避免发生质量事故，造成返工而浪费原材料及人力资源。 (5)检验混凝土和水泥砂浆试块的组数，当改变配合比时，也相应的按规定制作试块组数，以保证质量。检验测试过而未粉碎的试块，应作充分的利用，未被利用的，集中堆放到废物存放处，存放量够一车时，交有资质的单位处置。 (6)建筑地面施工所用材料的运输，散体材料装车时应低于车帮5～10 cm，湿润的砂运输时，可以高出车帮，但四周要拍紧，防止遗撒；石灰、土方及其他松散材料必须苫盖，不得遗撒污染道路、产生扬尘污染空气
定义	(1)水泥石屑面层主要是以石屑代替砂，目前已在不少地区使用，特别是缺砂地区，可以充分利用开山采石的副产品即石屑，这不但可就地取材，价格低廉，降低工程成本，获得经济效益，而且由于质量较好，表面光滑，也不会起砂，故适用于有一定清洁要求的地面。 (2)水泥砂浆面层是用细骨料(砂)，以水泥作胶结料加水按一定的配合比，经拌制成的水泥砂浆拌和料，铺设在水泥混凝土垫层、水泥混凝土找平层或钢筋混凝土板等基层上而成。 水泥石屑面层是用石屑、以水泥作胶结料加水按一定的配合比，经拌制铺设而成
强度等级	水泥砂浆的强度等级不应小于M15；如采用体积配合比宜为1∶(2～2.5)(水泥∶砂)。 水泥石屑的体积配合比一般采用1∶2(水泥∶石屑)
两种做法	水泥砂浆面层有单层和双层两种做法。单层做法：其厚度为20 mm，采用体积配合比宜为1∶2(水泥∶砂)。双层做法：下层的厚度为12 mm，采用体积配合比宜为1∶2.5(水泥∶砂)；上层的厚度为13 mm，采用体积配合比宜为1∶1.5(水泥∶砂)

续上表

项目	内　　容
水泥	水泥宜采用硅酸盐水泥、普通硅酸盐水泥，其强度等级不应低于32.5级。严禁混用不同品种、不同强度等级的水泥和过期水泥
砂	砂应采用中砂或粗砂，含泥量不应大于3%
石屑	石屑粒径宜为3～5 mm，其含粉量（含泥量）不应大于3%。过多的含粉量对提高面层质量是极不利的。因含粉量过多，比表面积也增大，需水量也随之增加，而水灰比大，强度必然降低，且还容易引起面层起灰、裂缝等质量通病。如含泥、含粉量超过要求，应采取淘、筛等办法处理

三、施工机械要求

(1)施工机具设备基本要求见表2－10。

表2－10　施工机具设备基本要求

项目	内　　容
主要机械设备	混凝土搅拌机、混凝土输送泵、平板式振动器、机动翻斗车、切缝机等
设备要求	按施工组织设计或专项施工方案的要求选用满足施工要求、噪声和能耗低的搅拌机等设备
设施要求	封闭式搅拌机棚、废水沉淀池

(2)施工机具设备见表2－11。

表2－11　施工机具设备

项目	内　　容
工具	平锹、铁滚筒、木抹子、铁抹子、长刮杠、2 m靠尺、水平尺、小桶、筛孔为5 mm的筛子、钢丝刷、笤帚、手推胶轮车等
计量检测用具	水准仪、磅秤、量斗、靠尺、塞尺、钢尺等
安全防护用品	手套、护目镜、口罩等

(3)砂浆搅拌机选用见表2－12。

表2－12　砂浆搅拌机选用

项目	内　　容
类型	砂浆搅拌机是装饰工程中的常用机械，如图2－2所示。现场使用的砂浆搅拌机一般为强制式，也有利用小型鼓筒混凝土搅拌机拌和砂浆
构造	砂浆搅拌机构造：强制式砂浆拌和机主要由搅拌系统、装料系统、给水系统和进出料控制系统组成。它的拌和筒不动，通过主轴带动搅拌叶旋转，实现筒内的砂浆拌和。出料时，摇动手柄，有的出料活门开启，有的则是拌和筒整体倾斜一定角度，砂浆便从料口流出。 砂浆拌和机安装有车轮，工地转移或运输也较方便

续上表

项目	内　　容
技术性能	生产砂浆搅拌机的厂家很多,同型号搅拌机的技术性能基本相同。国内部分厂家的搅拌机主要技术性能见表 2－13

(a)倾翻出料式

(b)底侧活门式

图 2－2　砂浆搅拌机

表 2－13　砂浆搅拌机主要技术性能

性能参数		单卧轴强制移动式					
		UJ1－325 型	UJZ－200 型	HJ1－200 型	HJ－200 型	HJ－200 型	HJ－200 型
容量(L)		325	200	200	200	200	200
搅拌轴转速(r/min)		30	25～30	25～30	26	24	25～30
每次搅拌时间(min)		1.5～2	1.5～2	1.5～2	1～2	2	—
卸料方式		活门式	倾翻式	倾翻式	倾翻式	倾翻式	倾翻式
生产率(m^3/h)		6	3	3	—	—	3
电动机	型号	JO2－32－4	JO2－32－4	—	JO2－32－4	—	JO2－32－4
	功率(kW)	3	3	3	3	3	3
	转速(r/min)	1 430	1 430	—	1 430	—	1 430
外形尺寸(mm)	长	2 200	2 280	3 200	1 660	2 065	—
	宽	1 492	1 100	1 120	870	1 130	—
	高	1 350	1 300	1 430	1 300	930	—
整机自重(kg)		750	600	765	820	约 590	600
性能参数		单卧轴强制移动式					
		HJ2－200 型	HJ－200 型	HJ－200 型	UJZ－200B 型	UJZ－200B 型	HJZ－200C 型
容量(L)		200	200	200	200	200	200
搅拌轴转速(r/min)		29	28	—	34	29	32
每次搅拌时间(min)		2	2	1.5～2	2	2	—
卸料方式		倾翻式	倾翻式	倾翻式	倾翻式	倾翻式	倾翻式
生产率(m^2/h)		4	—	—	3	3	—

续上表

性能参数		单卧轴强制移动式					
		HJ2－200 型	HJ－200 型	HJ－200 型	UJZ－200B 型	UJZ－200B 型	UJZ－200C 型
电动机	型号	JO2－32－4	—	JO2－32－4	JO2－32－4	JO2－31－6	JO2－31－6
	功率(kW)	3	—	3	3	3	3
	转速(r/min)	1 430	—	1 430	1 430	1 430	1 430
外形尺寸(mm)	长	1 940	1 850	1 900	1 693	1 920	2 100
	宽	1 090	845	1 200	948	1 154	1 100
	高	1 280	1 035	980	1 050	1 240	1 290
整机自重(kg)		650	580	600	560	650	550

性能参数		单卧轴强制移动式					
		C－076－1 型	UJZ150 型	HJ－200A	UJ－200A	UJ－200B	HJK－200 型
容量(L)		200	150	200	200	200	200
搅拌轴转速(r/min)		25～30	34	24～26	34	28	27
每次搅拌时间(min)		1.5～2	1.5～2	1.5～2	2	0.5	3
卸料方式		倾翻式	倾翻式	—	—	—	—
生产率(m^3/h)		—	—	3	6	2	—
电动机	型号	JO2－32－4	Y100L2－4	JO2－32－4	JO2－32－4	JO2－32－4	JO2－32－4
	功率(kW)	3	3	3	3	3	3
	转速(r/min)	1 430	1 500	1 430	1 430	1 430	1 430
外形尺寸(mm)	长	2 230	1 950	1 900	2 100	2 100	1 700
	宽	1 080	1 650	1 200	1 250	1 250	1 080
	高	1 318	1 750	980	1 050	1 050	1 355
整机自重(kg)		600	600	600	600	600	560

性能参数	单卧轴强制固定式					
	UJ－200 型	UJ_2－200 型	UJ100	SL－100 型	LSJ－200 型	LHJ200 型
容量(L)	200	200	100	100	200	200
搅拌轴转速(r/min)	25～30	25～30	27	54	60	50
每次搅拌时间(min)	1.5～2	1.5～2	—	1.5～2	1.5～2	2～3
卸料方式	倾翻式	倾翻式	活门式	活门式	活门式	—
生产率(m^3/h)	—	—	—	—	—	—

续上表

性能参数		单卧轴强制固定式					
		UJ－200 型	UJ_2－200 型	UJ100 型	SL－100 型	LSJ－200 型	LHJ200 型
电动机	型号	JO2－32－4	—	JO2－31－4	—	—	Y100L2－4
	功率(kW)	3	3	2.2	3	3	3
	转速(r/min)	—	—	—	—	—	1 500
外形尺寸(mm)	长	1 730	1 730	1 800	1 653	—	1 200
	宽	880	880	877	1 340	—	940
	高	900	900	779	1 008	—	860
整机自重(kg)		500	600	500	350	240	—

四、施工工艺解析

(1)水泥砂浆面层施工见表 2－14。

表 2－14　水泥砂浆面层施工

项目	内　容
基层处理	将基层上的灰尘扫掉，用钢丝刷和錾子刷净、剔掉灰浆皮和灰渣层，清除基层上的油垢
找标高弹线	根据墙上的＋500 mm 水平线，往下量测出面层标高，并弹在墙上
洒水湿润	用喷壶将地面基层均匀洒水一遍
抹灰饼、标筋(或称冲筋)	根据房间内四周墙上弹的面层标高水平线，确定面层抹灰厚度(不应小于 20 mm)，然后拉水平线开始抹灰饼(50 mm×50 mm)，横竖间距宜为 1.5 m，灰饼上平面即为地面面层标高。 如果房间较大，为保证整体面层平整度，还须抹标筋(或称冲筋)，用木抹子拍抹成与灰饼上表面相平一致。 铺抹灰饼和标筋的砂浆材料配合比均与抹地面的砂浆相同
搅拌砂浆	水泥砂浆的体积比宜为 1∶2(水泥∶砂)，其稠度不应大于 35 mm，强度等级不应小于 M15。为了控制加水量，应使用搅拌机搅拌均匀，颜色一致
刷水泥砂浆结合层，在水泥砂浆之前	刷水泥浆结合层，在铺设水泥砂浆之前：应涂刷水泥浆一层，其水灰比为 0.4～0.5(涂刷之前要将抹灰饼的余灰清扫干净，并洒水湿润)，不要涂刷面积过大，随刷随铺面层砂浆
铺水泥砂浆面层	涂刷水泥浆之后紧跟着铺水泥砂浆，在灰饼之间(或标筋之间)将砂浆铺均匀，然后用木刮杠按灰饼(或标筋)高度刮平。铺砂浆时如果灰饼(或标筋)已硬化，木刮杠刮平后，同时将利用过的灰饼(或标筋)敲掉，并用砂浆填平

续上表

项目	内　容
木抹子搓平	木刮杠刮平后,立即用木抹子搓平,从内向外退着操作,并随时用 2 m 靠尺检查其平整度。 当面层设置分格缝时,应在水泥初凝后进行弹线分格。先用木抹搓一条约一抹子宽的面层,用钢抹子压光。分格缝应平直,深浅要一致
铁抹子压实第一遍	木抹子抹平后,立即用铁抹子压第一遍,直到出浆为止,如果砂浆过稀表面有泌水现象时,可均匀撒一遍干水泥和砂(1∶1)的拌和料(砂子要过 3 mm 筛),再用木抹子用力抹压,使干拌料与砂浆紧密结合为一体,吸水后用抹子压平,如有分格要求的地面,在面层上弹分格线,用劈缝溜子开缝,再用溜子将分缝内压至平、直、光。上述操作均在水泥砂浆初凝之前完成
第二遍压光	面层砂浆初凝后,人踩上去,有脚印但不下陷时,用铁抹子压第二遍,边抹压边把坑凹处填平,要求不漏压,表面压平、压光。有分格的地面压过后,应用溜子溜压,做到缝边光直、缝隙清晰、缝内光滑顺直
第三遍压光	在水泥砂浆终凝前进行第三遍压光(人踩上去稍有脚印),铁抹子抹上去不再有抹纹时,用铁抹子把第二遍抹压时留下的全部抹纹压平、压实、压光(必须在终凝前完成)
养护	地面压光完工后 24 h,铺锯末或其他材料覆盖洒水养护,保持湿润,养护时间不少于 7 d,当抗压强度达到 5 MPa 才能上人
冬期施工	冬期施工时,室内温度不得低于+5℃
抹踢脚板	根据设计图规定墙基体有抹灰时,踢脚板的底层砂浆和面层砂浆分两次抹成。墙面不抹灰时,踢脚板只抹面层砂浆。 1)踢脚板抹底层水泥砂浆:清洗基层,洒水湿润后,按+500 mm 标高线向下量测踢脚板上口标高,吊垂直线确定踢脚板抹灰厚度,然后拉通线、套方、贴灰饼、抹 1∶3 水泥砂浆,用刮尺刮平、搓平整,扫毛浇水养护。 2)抹面层砂浆:底层砂浆抹好,硬化后,上口拉线粘贴靠尺,抹 1∶2 水泥砂浆,用灰板托灰,木抹子往上抹灰,再用刮尺板紧贴靠尺垂直地面刮平,用铁抹子压光,阴阳角、踢脚板上口用角抹子溜直压光

(2)水泥砂浆面层的成品保护及应注意的质量问题见表 2－15。

表 2－15　水泥砂浆面层的成品保护及应注意的质量问题

项目	内　容
成品保护	(1)地面操作过程中要注意对其他专业设备的保护,地漏内不得堵塞砂浆等。 (2)面层做完之后养护期内严禁进入。 (3)在已完工的地面上进行油漆、电气、暖卫专业工序时,注意不要碰坏面层,油漆、浆活不要污染面层。

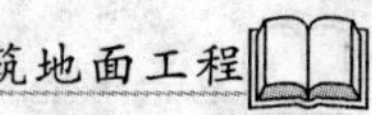

续上表

项目		内容
成品保护		(4)冬期施工的水泥砂浆地面操作环境如低于+5℃时,应采取必要的防寒保暖措施,严格防止发生冻害,尤其是早期受冻会使面层强度降低,造成起砂、裂缝等质量事故。 (5)如果先做水泥砂浆地面,后进行墙面抹灰时,要特别注意对面层进行覆盖,并严禁在面层上拌和砂浆和存储砂浆
应注意的质量问题	空鼓、裂缝	(1)基层清理不彻底、不认真:在抹水泥砂浆前必须将基层上的黏结物、灰尘、油污彻底处理干净,并认真进行清洗湿润,这是保证面层与基层结合牢固、防止空鼓裂缝的一道关键性工序,如果不仔细认真清除,使面层与基层之间形成一层隔离层,致使上下结合不牢,就会造成面层空鼓裂缝。 (2)涂刷水泥浆结合层不符合要求:在已处理洁净的基层上刷一遍水泥浆,目的是要增强面层与基层的黏结力,因此这是一项重要的工序,涂刷水泥浆稠度要适合(一般0.4~0.5的水灰比),涂刷时要均匀不得漏刷,面积不要过大,砂浆铺多少刷多少,一般是先涂刷一大片,而铺砂浆速度较慢,已刷上去的水泥浆很快干燥,这样不但不起黏结作用,相反起到隔离作用。 另外一定要用刷子涂刷已拌好的水泥浆,不能采用干撒水泥面后,再浇水用扫帚来回扫的办法,由于浇水不匀,水泥浆干稀不匀,也影响面层与基层的黏结质量。 (3)在预制混凝土楼板上及首层暖气沟盖上做水泥砂浆面层也易产生空鼓、裂缝,预制板的横、竖缝必须按结构设计要求用C20细石混凝土填塞,振捣密实。由于预制楼板安装后,上表面标高不能完全平整一致,高差较大,铺设水泥砂浆时厚薄不匀,容易产生裂缝,因此一般是采用细石混凝土面层。 首层暖气沟盖与地面混凝土垫层之间由于沉降不匀,也易造成此处裂缝,因此要采取防裂措施
	地面起砂	(1)养护时间不够,过早上人:水泥硬化初期,在水中或潮湿环境中养护,能使水泥颗粒充分水化,提高水泥砂浆面层强度,如果在养护时间短强度很低的情况下,过早上人使用,就会对刚刚硬化的表面层造成损伤或破坏,致使面层起砂、出现麻坑。因此,水泥地面完工后,养护工作的好坏对地面质量的影响很大,必须要重视,当面层抗压强度达5 MPa时才能上人操作。 (2)使用过期、强度不够的水泥、水泥砂浆搅拌不均匀、操作过程中抹压遍数不够等,都可造成起砂现象
	有地漏的房间倒泛水	在铺设面层砂浆时先检查垫层的坡度是否符合要求。设有垫层的地面,在铺设砂浆前抹灰饼和标筋时,按设计要求抹好坡度
	面层不光、有抹纹	必须认真按前面所述的操作工艺要求,用铁抹子抹压的遍数去操作,最后在水泥终凝前用力抹压不得漏压,直到将前遍的抹纹压平、压光为止

第三节　水磨石面层

一、验收条文

水磨石面层施工质量验收标准见表2－16。

表2－16　水磨石面层施工质量验收标准

项目	内　容
主控项目	(1)水磨石面层的石粒应采用白云石、大理石等岩石加工而成，石粒应洁净无杂物，其粒径除特殊要求外应为6～16 mm；颜料应采用耐光、耐碱的矿物原料，不得使用酸性颜料。 检验方法：观察检查和检查质量合格证明文件。 检查数量：同一工程、同一体积比检查一次。 (2)水磨石面层拌和料的体积比应符合设计要求，且水泥与石粒的比例应为1∶1.5～1∶2.50。 检验方法：检查配合比试验报告。 检查数量：同一工程、同一体积比检查一次。 (3)防静电水磨石面层应在施工前及施工完成表面干燥后进行接地电阻和表面电阻检测，并应做好记录。 检验方法：检查施工记录和检测报告。 检查数量：按《建筑地面工程施工质量验收规范》(GB 50209—2010)中第3.0.21条规定的检验批检查。 (4)面层与下一层结合应牢固，且应无空鼓、裂纹。当出现空鼓时，空鼓面积不应大于400 cm^2，且每自然间或标准间不应多于2处。 检验方法：观察和用小锤轻击检查。 检查数量：按《建筑地面工程施工质量验收规范》(GB 50209—2010)中第3.0.21条规定的检验批检查
一般项目	(1)面层表面应光滑，且应无裂纹、砂眼和磨痕；石粒应密实，显露应均匀；颜色图案应一致，不混色；分格条应牢固、顺直和清晰。 检验方法：观察检查。 检查数量：按《建筑地面工程施工质量验收规范》(GB 50209—2010)中第3.0.21条规定的检验批检查。 (2)踢脚线与柱、墙面应紧密结合，踢脚线高度及出柱、墙厚度应符合设计要求且均匀一致。当出现空鼓时，局部空鼓长度不应大于300 mm，且每自然间或标准间不应多于2处。 检验方法：用小锤轻击、钢尺和观察检查。 检查数量：按《建筑地面工程施工质量验收规范》(GB 50209—2010)中第3.0.21条规定的检验批检查。 (3)楼梯、台阶踏步的宽度、高度应符合设计要求。楼层梯段相邻踏步高度差不应大于10 mm；每踏步两端宽度差不应大于10 mm，旋转楼梯梯段的每踏步两端宽度的允许偏差不应大于5 mm。踏步面层应做防滑处理，齿角应整齐，防滑条应顺直、牢固。

续上表

项目	内容
一般项目	检验方法:观察和用钢尺检查。 检查数量:按《建筑地面工程施工质量验收规范》(GB 50209—2010)中第 3.0.21 条规定的检验批检查。 (4)水磨石面层的允许偏差应符合表 2—1 的规定。 检验方法:按表 2—1 中的检验方法检验。 检查数量:按《建筑地面工程施工质量验收规范》(GB 50209—2010)中第 3.0.21 条规定的检验批和第 3.0.22 条的规定检查

二、施工材料要求

水磨石面层材料要求见表 2—17。

表 2—17 水磨石面层材料要求

项目	内容
材料选用的基本要求	(1)建筑地面施工应体现我国的经济技术政策,在符合设计要求和满足使用功能的条件下,应充分采用地方材料,合理利用、推广工业废料,优先选用国产材料,尽量节约资源性原材料,做到技术先进、经济合理、控制污染、卫生环保、确保质量、安全适用。 (2)建筑地面各构造层所采用的原材料、半成品的品种、规格、性能等,应按设计要求选用,除应符合施工规范外,尚应符合现行国家、行业和有关产品材料标准和相关环境管理的规定。 (3)进场材料应有中文质量合格证书、产品性能检测报告、相应的环境保护参数,对重要材料应有复验报告,并经监理部门检查确认合格后方可使用,以控制材料质量和环境因素。 (4)建筑地面各构造层所采用拌和料的配合比或强度等级,应按施工规范规定和设计要求通过试验确定,由试验人员填写配合比通知单,施工过程中要严格计量,避免发生质量事故,造成返工而浪费原材料及人力资源。 (5)建筑地面施工所用材料的运输,散体材料装车时应低于车帮 5～10 cm,湿润的砂运输时,可以高出车帮,但四周要拍紧,防止遗撒;石灰、土方及其他松散材料必须苫盖,不得遗撒污染道路、产生扬尘污染空气
水泥	深色水磨石宜采用硅酸盐水泥、普通硅酸盐水泥或 32.5 级以上的矿渣硅酸盐水泥。美术水磨石用 32.5 级以上白水泥
石粒	水磨石面层所用的石粒,应采用坚硬可磨的白云石、大理石等岩石加工而成,石粒应洁净无杂物,其粒径除特殊要求外,一般为 6～15 mm
颜料	采用耐光、耐碱的矿物颜料,不得使用酸性颜料,要求无结块,其掺量宜为水泥用量的 3%～6%(应由试验确定)
分格条	铜条厚 1～1.2 mm,合金铝条厚 1～2 mm,玻璃条厚 3 mm,彩色塑料条厚 2～3 mm,宽均为 10 mm,长度以分块尺寸而定,一般为 1 000～1 200 mm。铜、铝条须经调直使用,下部 1/3 处每米钻 ϕ2 mm 孔,穿铁丝备用

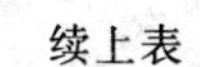

续上表

项目	内容
其他	草酸、白蜡、22 号铁丝。草酸为白色结晶，块状、粉状均可。白蜡用川蜡和地板蜡成品

三、施工机械要求

(1)施工机具设备基本要求见表 2－18。

表 2－18 施工机具设备基本要求

项目	内容
主要机械设备	平面磨石机、立面磨石机、砂浆搅拌机等
设备要求	应按施工组织设计或专项施工方案的要求选择低噪声、低能耗的环保型机械磨石机或手提磨石机等机械设备
设备保养	设备要定期保养和维修，使设备始终处于良好运行状态。设备维修时，应使用接油盘，防止废油污染土地和污染地下水

(2)水磨石机的选用见表 2－19。

表 2－19 水磨石机的选用

项目	内容
结构组成	水磨石机由电动机、减速器、转盘、行走滚轮等组成，如图 2－3 所示。 电动机通过减速器带动转盘旋转，转盘底部装有 2～3 套磨石夹具，能夹牢 2～3 块三角磨石。当转盘连同磨石旋转时，另有水管向磨石喷注清水，进行助磨和冷却，使磨石能不断进行磨光作业
技术性能	各型水磨石机主要技术性能见表 2－20
其他主要工具	平铁锹、滚筒(直径 150 mm，长 800 mm，重 70 kg 左右)、铁抹子、水平尺、木刮杠、粉线包、靠尺、60～240 号油石、手推胶轮车等

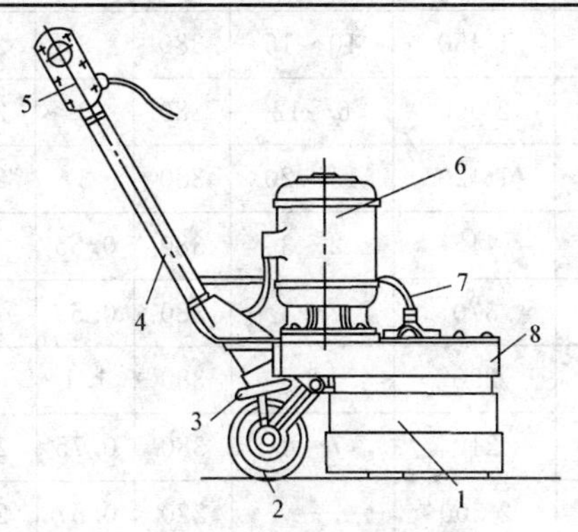

图 2－3 水磨石机外形结构

1—转盘外罩；2—行走滚轮；3—滚轮调节手轮；4—操纵杆；5—电气开关；6—电动机；7—供水管；8—减速器

表 2－20 各型水磨石机主要技术性能

型式	型号	磨盘直径(mm)	磨盘转速(r/min)	效率(m^2/h)	电动机			外形尺寸长×宽×高(mm)	质量(kg)
					电压(V)	功率(kW)	转速(r/min)		
单盘式	SF－D－A	350	282	3.5～4.5	380	2.2	1 430	1 040×410×950	150
	DMS 350	350	294	4.5	380	2.2	1 430	1 040×410×950	160
	SM 5	360	340	6～7.5	380	3	1 430	1 160×400×980	160
	MS	350	330	6	380	3	1 430	1 250×450×950	145
	HMP－4	350	294	3.5～4.5	380	2.2	1 420	1 140×410×1 040	160
	HMP－8	400	294	6～8	380	3	1 420	1 062×430×950	180
	HM 4	350	294	3.5～4.5	380	2.2	1 450	1 040×410×950	155
	MD 350	350	295	3.5～4.5	380	3	1 430	1 040×410×950	160
双盘式	2MD－350	345	285	14～15	380	2.2	940	700×900×1 000	115
	650－A	350	325	60	380	3	1 430	850×700×900	—
	SF－S	350	345	10	380	4	1 430	1 400×690×1 000	210
	DMS 350	350	340	14～15	380	3	1 430	1 400×690×1 000	210
	SM2－2	360	340	14～15	380	4	1 430	1 160×690×980	200
	HMP－16	360	340	14～15	380	3	1 420	1 160×660×980	210
	2MD 360	360	392	10～15	380	3	1 430	1 200×593×715	180
金刚石式	SM 240	240	2 000	10～14	380	3	2 880	1 080×330×900	80
	JMD 350	350	1 800	28	380	3	2 880	—	150
	DMS 240A	240	1 755	8～12	380	2.2	2 840	1 080×330×960	80
	JSM 240	240	1 800	8～12	380	2.2	2 840	1 060×405×850	92
	SM 340	360	1 800	6～7.5	380	3	2 880	1 160×400×980	160
	HMJ 10－1	360	1 450	10～15	380	3	2 880	1 150×340×840	100
	JM 20	245	2 000	6～12	380	3	2 880	—	90
	DMS 300	300	1 420	15～20	380	3	2 880	1 250×400×850	100
侧卧式	SWM2－310	180	415	2～3	380	0.55	—	390×330×1 050	36
	DSM 2－2A	180	370	2～3	380	0.55	—	470×340×1 410	60
立面式	HML－3	264	290	3	380	1.1	930	294×560×1 950	250
	CM 2－1	360	210	7～8	380	0.75	2 800	690×900×1 500	185
手提式	ZIMJ 100	100	2 500	—	220	0.57	2 500	415×100×205	4.4
	ZIMJ 100A	100	2 500	—	220	0.57	2 500	415×100×250	4
	ZIMJ 80	80	2 900	—	200	0.28	2 900	315×110×130	2.4

四、施工工艺解析

(1)水磨石面层施工见表2－21。

表2－21　水磨石面层施工

项目	内　容
基层处理	将混凝土基层上的杂物清净，不得有油污、浮土。用钢錾子和钢丝刷将粘在基层上的水泥浆皮錾掉铲净
找标高弹水平线	根据墙面上的＋500 mm标高线，往下量测出磨石面层的标高，弹在四周墙上，并考虑其他房间和通道面层的标高，要相一致
抹找平层砂浆	(1)根据墙上弹出的水平线，留出面层厚度(约10～15 mm厚)，抹1∶3水泥砂浆找平层，为了保证找平层的平整度，先抹灰饼(纵横间距1.5 m左右)，大小约8～10 cm。 (2)灰饼砂浆硬结后，以灰饼高度为标准，抹宽度为8～10 cm的纵横标筋，间距1.5 m。 (3)在基层上洒水湿润，刷一道水灰比为1∶0.5的水泥浆，面积不得过大，随刷浆随铺抹1∶3找平层砂浆，并用2 m长刮杠以标筋为标准进行刮平，再用木抹子搓平
养护	抹好找平层砂浆后养护24 h，待抗压强度达到1.2 MPa，方可进行下道工序施工
弹分格线	根据设计要求的分格尺寸分格，一般采用1 m×1 m。在房间中部弹十字线，计算好周边的镶边宽度后，以十字线为准弹分格线。如果设计有图案要求时，应按设计要求弹出清晰的线条
镶分格条	(1)用小铁抹子抹稠水泥浆将分格条固定住(分格条安在分格线上)，抹成30°八字形，高度应低于分格条条顶4～6 mm，分格条应平直(上平必须一致)、牢固、接头严密，不得有缝隙，作为铺设面层的标志。另外在粘贴分格条时，在分格条十字交叉接头处，为了使拌和料填塞饱满，在距交点40～50 mm内不抹水泥浆。 (2)采用铜条时，应预先在两端头下部1/3处打眼，穿入22号铜丝，锚固于下口八字角水泥浆内。镶条完成12 h后开始浇水养护，最少2 d，在此期间房间应封闭，禁止各工序进行
拌制水磨石拌和料(或称石渣浆)	(1)拌和料的体积比宜采用1∶1.5～1∶2.5(水泥∶石粒)，要求配合比准确，拌和均匀。 (2)彩色水磨石拌和料，除彩色石粒外，还加入耐光耐碱的矿物颜料，其掺入量为水泥重量比的3%～6%，普通水泥与颜料配合比、彩色石子与普通石子配合比，在施工前都须经试验室试验后确定。同一彩色水磨石面层应使用同厂、同批颜料。在拌制前应根据整个地面所需的用量，将水泥和所需颜料一次统一配好、配足。配料时不仅用铁铲拌和，还要用筛子筛匀，用包装袋装起来存放在干燥的室内，避免受潮。彩色石粒与普通石粒拌和均匀后，集中贮存待用。 (3)各种拌和料在使用前加水拌和均匀，稠度5～6 cm
涂刷水泥浆结合层	先用清水将找平层洒水湿润，涂刷与面层颜色相同的水泥浆结合层，其水灰比为1∶0.5，要刷均匀，亦可在水泥浆内掺加胶黏剂，要随刷随铺拌和料，一次不得刷的面积过大，防止浆层风干导致面层空鼓

续上表

项目	内容
水磨石拌和料	(1)水磨石拌和料的面层厚度,除有特殊要求的以外,宜为12～18 mm,并应按石料粒径确定。铺设时将搅拌均匀的拌和料先铺抹分格条边,后铺入分格条方框中间,用铁抹子由中间向边角推进,在分格条两边及交角处特别注意压实抹平,随抹随用直尺进行平度检查。如局部地面铺设过高时,应用铁抹子将其挖去一部分,再将周围的水泥石子浆拍挤抹平(不得用刮杠刮平)。 (2)几种颜色的水磨石拌和料不可同时铺抹,要先铺抹深色的,后铺抹浅色的,待前一种凝固后,再铺后一种(因为深颜色的掺矿物颜料多,强度增长慢,影响机磨效果)
滚压、抹平	用滚筒滚压前,先用铁抹子或木抹子在分格条两边宽约10 cm范围内轻轻拍实(避免将分格条挤移位)。滚压时用力要均匀(要随时清掉粘在滚筒上的石渣),应从横竖两个方向轮换进行,达到表面平整密实、出浆石粒均匀为止。待石粒浆稍收水后,再用铁抹子将浆抹平、压实。24 h后浇水养护
试磨	一般根据气温情况确定养护天数,常温下养护5～7 d。温度在20℃～30℃时2～3 d即可试磨,试磨时强度应达到10～13 MPa,以面层不掉石粒为准。具体开磨时间见表2－22
粗磨	第一遍用60～90号粗金刚石磨,使磨石机机头在地面上走横"8"字形,边磨边加水(如磨石面层养护时间太长,可加细砂,加快机磨速度),随时清扫水泥浆,并用靠尺检查平整度,直至表面磨平、磨匀,分格条和石粒全部露出(边角处用人工磨成同样效果),用水清洗晾干后,然后用较浓的水泥浆(如掺有颜料的面层,应用同样掺有颜料配合比的水泥浆)擦一遍,特别是面层的洞眼小孔隙要填实抹平,脱落的石粒应补齐。浇水养护2～3 d
细磨	第二遍用90～120号金刚石磨,要求磨至表面光滑为止。然后用清水冲洗,满擦第二遍水泥浆,仍注意小孔隙要细致擦严密,然后养护2～3 d
磨光	第三遍用180～220号细金刚石磨,磨至表面石子显露均匀,无缺石粒现象,平整、光滑,无孔隙为度。 普通水磨石面层磨光遍数不应少于三遍,高级水磨石面层的厚度和磨光遍数及油石规格应根据设计确定
草酸擦洗	为了取得打蜡后显著的效果,在打蜡前磨石面层要进行一次适量限度的酸洗,一般均用草酸进行擦洗,使用时,先用水加草酸化成约10%浓度的溶液,用扫帚蘸后洒在地面上,再用280～300号油石轻轻磨一遍;磨出水泥及石粒本色,再用水冲洗软布擦干。此道操作必须在各工种完工后才能进行,经酸洗后的面层不得再受污染
打蜡上光	将蜡包在薄布内,在面层上薄薄涂一层,待干后用钉有帆布或麻布的木块代替油石,装在磨石机上研磨,用同样方法再打第二遍蜡,直至光滑洁亮为止
冬期施工	冬期施工现制水磨石面层时,环境温度应保持＋5℃以上

续上表

项目	内　容
水磨石踢脚板	(1)抹底灰：与墙面抹灰厚度一致，在阴阳角处套方、量尺、拉线，确定踢脚板厚度，按底层灰的厚度贴灰饼，间距1～1.5 m。然后抹1∶3水泥砂浆用短杠刮平，木抹子搓成麻面并划毛。 (2)抹磨石踢脚板拌和料：先将底子灰用水湿润，在阴阳角及上口，用靠尺按水平线找好规矩，贴好靠尺板，先涂刷一层薄水泥浆，紧跟着抹拌和料，抹平、压实。刷水两遍将水泥浆轻轻刷去，达到石子面上无浮浆。常温下养护24 h后，开始人工磨面。 第一遍用粗油石，先竖磨再横磨，要求把石渣磨平，阴阳角倒圆，擦第一遍素灰，将孔隙填抹密实，养护1～2 d，再用细油石磨第二遍，用同样方法磨完第三遍，用油石出光打草酸，用清水擦洗干净。 (3)人工涂蜡：擦2遍出光成活

表2－22　现制水磨石面层开磨时间

平均气温(℃)	开磨时间(d)	
	机磨	人工磨
20～30	2～3	1～2
10～20	3～4	1.5～2.5
5～10	5～6	2～3

(2)水泥混凝土面层的成品保护及应注意的质量问题见表2－23。

表2－23　水泥混凝土面层的成品保护及应注意的质量问题

项目	内　容
成品保护	(1)铺抹水泥砂浆找平层时，注意不得碰坏水、电管路及其他设备。 (2)运输材料时注意保护好门框。 (3)进行机磨水磨石面层时，研磨的水泥废浆应及时清除，楼梯、电梯井处应设挡水台防止流到下一层，且不得流入下水口及地漏内，以防堵塞。 (4)磨石机应设罩板，防止研磨时溅污墙面及设施等，重要部位及设备应加覆盖
应注意的质量问题	(1)分格条折断，显露不清晰。 主要原因是分格条镶嵌不牢固(或未低于面层)，滚压前未用铁抹子拍打分格条两侧，在滚筒滚压过程中，分格条被压弯或压碎。因此为防止此现象发生，必须在滚压前将分格条两边的石子轻轻拍实。 (2)分格条交接处四角无石粒。 主要是黏结分格条时，稠水泥浆应粘成30°角，分格条顶距水泥浆4～6 mm，同时在分格条交接处，黏结浆不得抹到端头，要留有抹拌和料的孔隙。

续上表

项目	内　　容
应注意的质量问题	(3)水磨石面层有洞眼、孔隙。 水磨石面层机磨后总有些洞孔发生,一般均用补浆方法,即磨光后用清水冲干净,用较浓的水泥浆(如彩色磨石面时,应用同颜色颜料加水泥擦抹)将洞眼擦抹密实,待硬化后磨光;普通水磨石面层用"二浆三磨"法,即整个过程磨光三次擦浆两次。 如果为图省事少擦抹一次,或用扫帚扫而不是擦抹或用稀浆等,都易造成面层有小孔洞。 另外由于擦浆后未硬化就进行磨光,也易把洞孔中灰浆磨掉。 (4)面层石粒不匀、不显露。 主要是石子规格不好,石粒未清洗,铺拌和料时用刮尺刮平时将石粒埋在灰浆内,导致石粒不匀等现象

第四节　水泥钢(铁)屑面层

一、验收条文

水泥钢(铁)屑面层施工质量验收标准见表 2－24。

表 2－24　水泥钢(铁)屑面层施工质量验收标准

项目	内　　容
主控项目	(1)水泥强度等级不应小于 32.5 级;钢(铁)屑的粒径应为 1～5 mm;钢(铁)屑中不应有其他杂质,使用前应去油除锈,冲洗干净并干燥。 检验方法:观察检查和检查材质合格证明文件及检测报告。 (2)面层和结合层的强度等级必须符合设计要求,且面层抗压强度不应小于 40 MPa;结合层体积比为 1∶2(相应的强度等级不应小于 M15)。 检验方法:检查配合比通知单和检测报告。 (3)面层与下一层结合必须牢固,无空鼓。 检验方法:用小锤轻击检查
一般项目	(1)面层表面坡度应符合设计要求。 检验方法:用坡度尺检查。 (2)面层表面不应有裂纹、脱皮、麻面等缺陷。 检验方法:观察检查。 (3)踢脚线与墙面应结合牢固,高度一致,出墙厚度均匀。 检验方法:用小锤轻击、钢尺和观察检查。 (4)水泥钢(铁)屑面层的允许偏差应符合表 2－1 的规定。 检验方法:应按表 2－1 中的检验方法检验

二、施工材料要求

水泥钢(铁)屑面层材料要求见表2－25。

表2－25　水泥钢(铁)屑面层材料要求

项目	内　容
材料选用的基本要求	(1)建筑地面施工应体现我国的经济技术政策,在符合设计要求和满足使用功能的条件下,应充分采用地方材料,合理利用、推广工业废料,优先选用国产材料,尽量节约资源性原材料,做到技术先进、经济合理、控制污染、卫生环保、确保质量、安全适用。 (2)建筑地面各构造层所采用的原材料、半成品的品种、规格、性能等,应按设计要求选用,除应符合施工规范外,尚应符合现行国家、行业和有关产品材料标准和相关环境管理的规定。 (3)进场材料应有中文质量合格证书、产品性能检测报告、相应的环境保护参数,对重要材料应有复验报告,并经监理部门检查确认合格后方可使用,以控制材料质量和环境因素。 (4)建筑地面各构造层所采用拌和料的配合比或强度等级,应按施工规范规定和设计要求通过试验确定,由试验人员填写配合比通知单,施工过程中要严格计量,避免发生质量事故,造成返工而浪费原材料及人力资源
水泥	采用硅酸盐水泥或普通硅酸盐水泥,有出厂合格证
钢(铁)屑	粒径应为1～5 mm,过大的颗粒和卷状螺旋的应予破碎或筛除,小于1 mm的颗粒应予筛除。钢(铁)屑中不应有其他杂物,使用前必须清除钢(铁)屑上的油脂,并用稀酸溶液除锈,再以清水冲洗后烘干使用
环氧树脂稀胶泥	采用环氧树指及胺固化剂和稀释剂配制,根据试验室提供的配合比进行配制(环氧树脂∶乙二胺∶丙酮＝100∶7∶9)
砂子	中砂或粗砂,含泥量不大于3%

三、施工机械要求

(1)施工机具设备基本要求见表2－26。

表2－26　施工机具设备基本要求

项目	内　容
主要施工机具	1 mm和5 mm孔径筛子、砂浆搅拌机、平板振捣器、运输小车、小水桶、半截桶、扫帚、2 m靠尺、木抹子、铁抹子、平锹、喷壶、橡皮刮板、油漆刮刀、坍落度桶
设备要求	应按施工组织设计或专项施工方案的要求选用满足施工要求的低噪声、低能耗的搅拌机等设备
设施要求	封闭式搅拌机棚、废水沉淀池

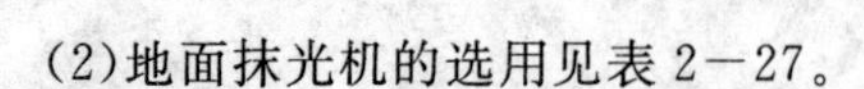
(2)地面抹光机的选用见表 2－27。

表 2－27 地面抹光机的选用

项目	内容
结构组成	地面抹光机由电动机、减速器、抹光装置、安全罩、操纵杆等组成，如图 2－4 所示。 抹光装置上有一个联结盘，盘上装有三个成 120°夹角的抹板，抹板与地面成 6°～10°的夹角。工作时，电动机经减速器带动抹光装置旋转，使抹板按夹角方向对被抹地面进行抹平压光。双头抹光机为两个抹光装置相对旋转，其结构与单头抹光机相似
技术性能	各型地面抹光机主要技术性能见表 2－28

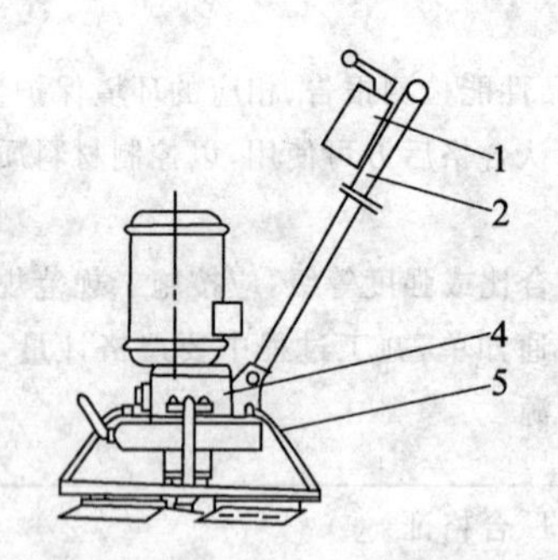

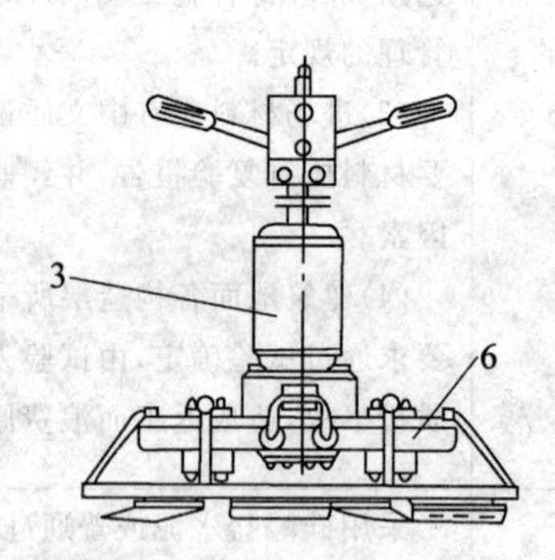

图 2－4 地面抹光机外形结构

1—转换开关；2—操纵杆；3—电动机；4—减速器；
5—安全罩；6—抹光装置

表 2－28 各型地面抹光机主要技术性能

型式	型号	抹刀数	抹板倾角(°)	转速(r/min)	抹头直径(mm)	功率(kW)	电压(V)	外形尺寸(mm)长×宽×高	质量(kg)
单头	DM60	4	0～10	90	600	0.4	380	620×620×900	40
	DM69	4	0～10	90	600	0.4	380	750×460×900	40
	DM85	4	0～10	45/90	850	1.1～1.5	380	1 920×880×105	75
双头	2DM650	6		120	370	0.37	370	670×645×900	40
	SDM1	2×3	6～8	120	370	0.37	380	670×645×900	40
	SDM68	2×3		100/200	370	0.55	380	990×980×800	40
内燃	JK－1	4	5～10	45/60	888	2.9		1 480×936×1 020	80

四、施工工艺解析

(1)水泥钢(铁)屑面层施工见表2—29。

表2—29　水泥钢(铁)屑面层施工

项目	内　容
基层处理	去除基层表面的各种杂物,并在铺设面层前一天用清水冲洗干净,正式铺设面层前对基层表面进行洒水湿润。必要时,须清除钢(铁)屑上的油脂,并用稀酸溶液除锈,再用清水冲洗并烘干使用
水泥钢(铁)屑试配、拌和	(1)水泥钢(铁)屑面层试配:面层配合比按设计要求通过试配,质量配合比为水泥∶钢屑∶水=1∶1.8∶0.31以水泥浆能填满钢(铁)屑的空隙为准,采用振动法使水泥钢(铁)屑密实时,其密度不应小于2 000 kg/m³,其稠度不应大于10 mm。 (2)水泥钢(铁)屑拌和:按确定的配合比,先将水泥和钢(铁)屑干拌均匀后,再加水拌和至颜色一致,稠度要适度
找标高、弹线、做找平墩	(1)找标高、弹面层水平线:根据墙面上已有的+500 mm水平标高线,量测出地面面层的水平线,弹在四周墙面上。 (2)抹灰饼、冲筋:根据面层水平线,横竖拉线,用拌好的拌和料抹灰饼,间距1.5 m,灰饼上标高就是面层标高。如果面层面积较大,要进行冲筋,用刮尺刮平
铺结合层	铺设水泥钢(铁)屑面层前,应先铺一层厚20 mm的水泥砂浆结合层,水泥砂浆为1∶2(体积比)。水泥砂浆铺的面积不要太大,要随铺水泥砂浆随铺设水泥钢(铁)屑面层
面层	将水泥与钢(铁)屑拌和料按厚度要求(一般为5 mm)铺抹到基层上,用2 m靠尺刮平并随铺随拍实,也可用滚筒滚压密实。面层的铺设应在结合层的水泥初凝前完成
抹面层压光	抹平工作应在结合层和面层的水泥初凝前完成;压光工作应在结合层和面层的水泥终凝前完成。首先用木抹子用力搓平,再用铁抹子抹压2～3遍至面层表面密实、光滑平整,无铁板印痕。压光时严禁洒水
养护	面层铺好抹压完24 h后应洒水进行养护。或用草袋覆盖浇水养护,不得用水直接冲洒。养护期为5～7 d
表面处理	根据设计需要,为提高面层的耐磨性和耐腐蚀性能,防止外露钢(铁)屑遇水生锈,可以用环氧树脂耐磨涂料进行表面处理。 表面处理时,需待水泥钢(铁)屑面层干燥后进行。先用砂纸打磨面层表面,后清扫干净。在室内温度不低于20℃情况下,涂刷环氧树脂耐磨涂料。涂刷应均匀,不得漏涂。涂刷后在气温不低于20℃的条件下养护48 h后即可

(2)水泥钢(铁)屑面层的成品保护及应注意的质量问题见表2—30。

表 2－30　水泥钢(铁)屑面层的成品保护及应注意的质量问题

项目	内　容
成品保护	(1)面层做完后在养护期内要对作业范围进行封闭,防止进人损坏。 (2)面层养护完成后进行其他工种作业时,要注意不要碰坏地面,并要防止油漆浆活污染面层
应注意的质量问题	面层污染是由于面层保护不利,而使后续的油漆、粉刷等工作对面层表面造成污染。应在油漆等工作进行前对地面进行覆盖保护等

第五节　防油渗面层

一、验收条文

防油渗面层施工质量验收标准见表 2－31。

表 2－31　防油渗面层施工质量验收标准

项目	内　容
主控项目	(1)防油渗混凝土所用的水泥应采用普通硅酸盐水泥;碎石应采用花岗石或石英石,不应使用松散、多孔和吸水率大的石子,粒径为 5～16 mm,最大粒径不应大于 20 mm,含泥量不应大于 1%;砂应为中砂,且应洁净无杂物;掺入的外加剂和防油渗剂应符合有关标准的规定。防油渗涂料应具有耐油、耐磨、耐火和黏结性能。 检验方法:观察检查和检查质量合格证明文件。 检查数量:同一工程、同一强度等级、同一配合比、同一黏结强度检查一次。 (2)防油渗混凝土的强度等级和抗渗性能应符合设计要求,且强度等级不应小于 C30;防油渗涂料的黏结强度不应小于 0.3 MPa。 检验方法:检查配合比试验报告、强度等级检测报告、黏结强度检测报告。 检查数量:配合比试验报告按同一工程、同一强度等级、同一配合比检查一次;强度等级检测报告按《建筑地面工程施工质量验收规范》(GB 50209—2010)中第 3.0.19 条规定的检验批检查;抗拉黏结强度检测报告按同一工程、同一涂料品种、同一生产厂家、同一型号、同一规格、同一批号检查一次。 (3)防油渗混凝土面层与下一层应结合牢固、无空鼓。 检验方法:用小锤轻击检查。 检查数量:按《建筑地面工程施工质量验收规范》(GB 50209—2010)中第 3.0.21 条规定的检验批检查。 (4)防油渗涂料面层与基层应黏结牢固,不应有起皮、开裂、漏涂等缺陷。 检验方法:观察检查。 检查数量:按《建筑地面工程施工质量验收规范》(GB 50209—2010)中第 3.0.21 条规定的检验批检查
一般项目	(1)防油渗面层表面坡度应符合设计要求,不得有倒泛水和积水现象。 检验方法:观察和采用泼水或用坡度尺检查。

续上表

项目	内　容
一般项目	检查数量：按《建筑地面工程施工质量验收规范》(GB 50209—2010)中第3.0.21条规定的检验批检查。 (2)防油渗混凝土面层表面应洁净，不应有裂纹、脱皮、麻面和起砂等现象。 检验方法：观察检查。 检查数量：按《建筑地面工程施工质量验收规范》(GB 50209—2010)中第3.0.21条规定的检验批检查。 (3)踢脚线与柱、墙面应紧密结合，踢脚线高度及出柱、墙厚度应符合设计要求且均匀一致。 检验方法：用小锤轻击、钢尺和观察检查。 检查数量：按《建筑地面工程施工质量验收规范》(GB 50209—2010)中第3.0.21条规定的检验批检查。 (4)防油渗面层的允许偏差应符合表2－1的规定。 检验方法：按表2－1中的检验方法检验。 检查数量：按《建筑地面工程施工质量验收规范》(GB 50209—2010)中第3.0.21条规定的检验批和第3.0.21条的规定检查

二、施工材料要求

防油渗面层材料要求见表2－32。

表2－32　防油渗面层材料要求

项目	内　容
材料选用的基本要求	(1)建筑地面施工应体现我国的经济技术政策，在符合设计要求和满足使用功能的条件下，应充分采用地方材料，合理利用、推广工业废料，优先选用国产材料，尽量节约资源性原材料，做到技术先进、经济合理、控制污染、卫生环保、确保质量、安全适用。 (2)建筑地面各构造层所采用的原材料、半成品的品种、规格、性能等，应按设计要求选用，除应符合施工规范外，尚应符合现行国家、行业和有关产品材料标准和相关环境管理的规定。 (3)进场材料应有中文质量合格证书、产品性能检测报告、相应的环境保护参数，对重要材料应有复验报告，并经监理部门检查确认合格后方可使用，以控制材料质量和环境因素。 (4)建筑地面各构造层所采用拌和料的配合比或强度等级，应按施工规范规定和设计要求通过试验确定，由试验人员填写配合比通知单，施工过程中要严格计量，避免发生质量事故，造成返工而浪费原材料及人力资源
水泥	应采用普通硅酸盐水泥，其强度等级应不小于32.5级
砂	应为中砂，其细度模数应为2.3～2.6，应洁净无杂物
碎石	应采用花岗石或石英石，严禁使用松散多孔和吸水率大的石子，其粒径为5～15 mm，最大粒径不应大于20 mm，含泥量不应大于1%

续上表

项目	内　容
外加剂	宜选用减水剂、加气剂、塑化剂、密实剂或防油渗剂，质量符合其产品质量标准，其掺入量应由试验确定。防油渗涂料应具有耐油、耐磨、耐火和黏结性能
防油渗涂料	按设计要求选用具有耐油、耐磨、耐火和黏结性能，抗拉黏结强度不应小于 $0.3\ N/mm^2$
玻璃纤维布	采用无碱网格布
工具	防油渗面层应采用防油渗混凝土或防油渗涂料涂刷

三、施工机械要求

施工机具设备基本要求见表 2－33。

表 2－33　施工机具设备基本要求

项目	内　容
主要机具设备	应根据施工组织设计或专项施工方案的要求选用低噪声、低能耗的环保型设备
设备要求	在现场搅拌时，应有专用搅拌棚、沉淀池
设施要求	混凝土搅拌机、平板振捣器、手推车或翻斗车、水桶、半截桶、铁滚子、2 m 刮尺或大杠、木抹子、铁抹子、橡皮刮板或油漆刮刀、平板锹等

四、施工工艺解析

(1)防油渗混凝土面层施工见表 2－34。

表 2－34　防油渗混凝土面层施工

项目	内　容
基层处理	铺设面层前，要对基层表面进行处理。将灰尘等清理干净，剔除各种凸起物。铺设面层时，在基层表面应满涂防油渗水泥浆结合层。防油渗水泥浆按下列要求配制： (1)氯乙烯－偏氯乙烯混合乳液的配制：用 10%浓度的磷酸三钠水溶液中和氯乙烯－偏氯乙烯共聚乳液，使 pH 值为 7～8，加入配合比要求的浓度为 40%的溶液，搅拌均匀，然后加入少量消泡剂(以消除表面泡沫为度)； (2)防油渗水泥浆配制：将氯乙烯－偏氯乙烯混合乳液和水，按 1∶1 配合比搅拌均匀后，边搅拌边加入水泥，按要求加入量加入后，充分拌和使用
找标高、弹水平线	根据墙柱上已有的＋500 mm 水平标高线，按设计要求测出地面面层的水平线，弹在四周墙柱上
涂刷底子油	在铺设面层时，要涂刷一道防油渗胶泥底子油
防油渗胶泥底子油的配制	应将已熬制好的防油渗胶泥自然冷却至 85℃～90℃，边搅拌边缓慢加入按配合比所需要的二甲苯和环已酮的混合溶液(切勿近水)，搅拌至胶泥全部溶解即成底子油。如暂时存放，需置于有盖的容器中，以防止溶剂挥发

续上表

项目	内　容
设置防油渗隔离层	根据设计要求确定是否需要设置防油渗隔离层。如果设置隔离层，按下面方法操作。 (1)防油渗隔离层设置于面层之下整浇水泥层之上，宜采用一布二胶防油渗胶泥玻璃纤维布，其厚度为 4 mm；玻璃纤维布采用无碱网格布。采用的防油渗胶泥(或弹性多功能聚胺酯类涂膜材料)，其厚度为 1.5～2 mm，防油渗胶泥的配制按产品使用说明。 (2)隔离层施工时，基层表面要涂刷一道防油渗胶泥底子油，然后在已处理的基层上将加温的防油渗胶泥均匀涂抹一遍。随后将玻璃布粘贴覆盖，其搭接宽度不得小于 100 mm；与墙、柱连接处的涂刷应向上翻边，其高度不得小于 30 mm。一布二胶防油渗隔离层完成后，经检查符合要求方可进行下道工序的施工
抹灰饼冲筋	根据面层水平线，横竖拉线，用拌好的防油渗混凝土抹灰饼，间距 1.5 m，灰饼上标高就是面层标高。如果面层面积较大，要进行冲筋，用刮尺刮平
浇筑防油渗混凝土面层	底子油涂刷后，可以进行面层的铺设工作。 (1)防油渗混凝土配合比应按设计要求的强度等级和抗渗性能通过试验确定。防油渗混凝土拌和料拌和要均匀，搅拌时间宜为 2 min，浇筑时坍落度不宜大于 10 mm。 (2)按已划分好的区段及灰饼高度浇筑防油渗混凝土。浇筑后先用大杠刮平，再用平板振捣器进行振捣，要求振捣密实，不得漏振。 (3)面层分格缝的深度为面层的总厚度，上下贯通，其宽度为 15～20 mm。缝内应灌注防油渗胶泥材料，亦可采用弹性多功能聚胺酯类涂膜材料嵌缝，缝的上部留 20～25 mm深度采用膨胀水泥砂浆封缝。防油渗胶泥配制按产品使用说明
振捣	按混凝土施工工艺进行防油渗混凝土面层浇筑施工，振捣要密实，不得漏振
分格缝处理	当防油渗混凝土面层的抗压强度达到 5 N/mm² 时，应将分格缝内清理干净并干燥，涂刷一遍同类底子油后，应趁热灌注防油渗胶泥
抹面层、压光	抹平工作应在面层的混凝土初凝前完成；压光工作应在混凝土终凝前完成。首先用木抹子用力搓平，再用铁抹子抹压 2～3 遍至面层表面密实、光滑平整，无铁板印痕。压光时严禁洒水
养护	混凝土浇筑完后，应根据环境的温度、湿度情况对面层进行养护。面层铺好抹压完 24 h 后应洒水进行养护，不得用水管直接冲。养护期为 5～7 d

(2)防油渗涂料面层施工见表 2－35。

表 2－35 防油渗涂料面层施工

项目	内　容
基层处理	基层表面应平整、坚实、洁净，无酥松、粉化、脱皮现象，且不空鼓、不起砂、不开裂、无油脂；表面无缺陷，用 2 m 靠尺检查允许空隙不得大于 2 mm。如有，应提前 2～3 d 进行修补
打底	宜用配套稀释胶黏剂进行打底，并按基层、底涂料和面涂料的性能配套应用。刮1～3遍腻子，最后一遍干燥后，用砂纸打磨平整光滑，清除粉尘

续上表

项目	内　容
主涂层施工	按设计要求的涂料品种及颜色进行主涂层施工。施工时满涂刷1～3遍，顺序由前逐渐向后退，厚度控制在0.8～1.0 mm。涂刷方向、距离长短应一致，勤蘸短刷。在前一遍涂料表面干后方可刷下一遍。每遍的间隔时间一般为2～4 h。涂层打磨后可以进行修饰
罩面、打蜡养护	待涂料层干燥后，用相配套的罩面材料进行罩面施工，应满刷1～2遍。可以在罩面干燥后打蜡上光进行养护

(3)防油渗面层的成品保护及应注意的质量问题见表2－36。

表2－36　防油渗面层的成品保护及应注意的质量问题

项目	内　容
成品保护	(1)防油渗面层施工完成后，要对成品区进行封闭保护，严禁过早进入进行其他工序作业。 (2)面层施工时，要对突出地面的管根、地漏、排水口等与地面交接处进行加强处理，不得损坏。 (3)防油渗混凝土或涂料面层施工时，要对门框等进行防护，并防止对墙壁等的污染
应注意的质量问题	(1)地面起砂主要是由于水泥强度不够、水灰比控制不当、工序安排不当或冬施受冻造成的。施工中要加强监督管理，合理调整配合比，合理安排施工流向，保证良好的施工条件等。 (2)面层空鼓混凝土面层发生空鼓现象，主要是由于隔离层和面层之间清理不干净，有浮灰、砂尘等，或者由面层过薄造成。施工中要加强基层清理

第六节　不发火(防爆)面层

一、验收条文

不发火(防爆)面层施工质量验收标准见表2－37。

表2－37　不发火(防爆)面层施工质量验收标准

项目	内　容
主控项目	(1)不发火(防爆)面层中碎石的不发火性必须合格；砂应质地坚硬、表面粗糙，其粒径应为0.15～5 mm，含泥量不应大于3%，有机物含量不应大于0.5%；水泥应采用。硅酸盐水泥、普通硅酸盐水泥；面层分格的嵌条应采用不发生火花的材料配制。配制时应随时检查，不得混入金属或其他易发生火花的杂质。 检验方法：观察检查和检查质量合格证明文件。 检查数量：按《建筑地面工程施工质量验收规范》(GB 50209—2010)中第3.0.19条规定的检验批检查。

续上表

项目	内　　容
主控项目	(2)不发火(防爆)面层的强度等级应符合设计要求。 检验方法:检查配合比试验报告和强度等级检测报告。 检查数量:配合比试验报告按同一工程、同一强度等级、同一配合比检查一次;强度等级检测报告按《建筑地面工程施工质量验收规范》(GB 50209—2010)中第 3.0.19 条规定的检验批检查。 (3)面层与下一层应结合牢固,且应无空鼓和开裂。当出现空鼓时,空鼓面积不应大于 400 cm^2,且每自然间或标准间不应多于 2 处。 检验方法:观察和用小锤轻击检查。 检查数量:按《建筑地面工程施工质量验收规范》(GB 50209—2010)中第 3.0.21 条规定的检验批检查。 (4)不发火(防爆)面层的试件应检验合格。 检验方法:检查检测报告。 检查数量:同一工程、同一强度等级、同一配合比检查一次
一般项目	(1)面层表面应密实,无裂缝、蜂窝、麻面等缺陷。 检验方法:观察检查。 检查数量:按《建筑地面工程施工质量验收规范》(GB 50209—2010)中第 3.0.21 条规定的检验批检查。 (2)踢脚线与柱、墙面应紧密结合,踢脚线高度及出柱、墙厚度应符合设计要求且均匀一致。当出现空鼓时,局部空鼓长度不应大于 300 mm,且每自然间或标准间不应多于 2 处。 检验方法:用小锤轻击、钢尺和观察检查。 检查数量:按《建筑地面工程施工质量验收规范》(GB 50209—2010)中第 3.0.21 条规定的检验批检查。 (3)不发火(防爆)面层的允许偏差应符合表 2－1 的规定。 检验方法:按本表 2－1 中的检验方法检验。 检查数量:按《建筑地面工程施工质量验收规范》(GB 50209—2010)中第 3.0.21 条规定的检验批和第 3.0.22 条的规定检查

二、施工材料要求

不发火(防爆)面层材料要求见表 2－38。

表 2－38　不发火(防爆)面层材料要求

项目	内　　容
材料选用的基本要求	(1)建筑地面施工应体现我国的经济技术政策,在符合设计要求和满足使用功能的条件下,应充分采用地方材料,合理利用、推广工业废料,优先选用国产材料,尽量节约资源性原材料,做到技术先进、经济合理、控制污染、卫生环保、确保质量、安全适用。

续上表

项目	内　容
材料选用的基本要求	(2)建筑地面各构造层所采用的原材料、半成品的品种、规格、性能等，应按设计要求选用，除应符合施工规范外，尚应符合现行国家、行业和有关产品材料标准和相关环境管理的规定。 (3)进场材料应有中文质量合格证书、产品性能检测报告、相应的环境保护参数，对重要材料应有复验报告，并经监理部门检查确认合格后方可使用，以控制材料质量和环境因素。 (4)建筑地面各构造层所采用拌和料的配合比或强度等级，应按施工规范规定和设计要求通过试验确定，由试验人员填写配合比通知单，施工过程中要严格计量，避免发生质量事故，造成返工而浪费原材料及人力资源
水泥	应采用普通硅酸盐水泥
碎石	应选用大理石、白云石或其他石料加工而成，并以金属或石料撞击时不发生火花为合格
砂	应质地坚硬、表面粗糙，其粒径宜为0.15～5 mm，含泥量不应大于3%，有机物含量不应大于0.5%
分格嵌条	应采用不发生火花的材料配制
面层材料	可选用水泥类或沥青类的拌和料，亦可选用菱苦土、木板、木砖、橡皮或铝板等材料。所有选用材料都要经过不发火试验，满足不发火性能及相应标准的要求
沥青	采用建筑石油沥青或道路石油沥青
粗细纤维填充料	宜采用6级石棉和锯木屑，使用前应通过2.5 mm筛孔的筛子。石棉的含水率不应大于7%；锯木屑的含水率不应大于12%
粉状填充料	应采用磨细的石料、砂或炉灰、粉煤灰、页岩灰和其他粉状的矿物质材料。不得采用石灰、石膏、泥岩灰或黏土作为粉状填充料。粉状填充料中小于0.08 mm的细颗粒含量不应小于75%，并不应大于0.3 mm
不发生火花(防爆)建筑地面材料及其制品不发火性的实验方法	(1)试验前的准备。材料不发火的鉴定，可采用砂轮来进行。试验的房间应完全黑暗，以便在试验时易于看见火花。 试验用的砂轮直径为150 mm，试验时其转速应为600～1 000 r/min，并在暗室内检查其分离火花的能力。检查砂轮是否合格，可在砂轮旋转时用工具钢、石英岩或含有石英岩的混凝土等能发生火花的试件进行摩擦，摩擦时应加10～20 N的压力，如果发生清晰的火花，则该砂轮即认为合格。 (2)粗骨料的试验。从不少于50个试件中选出做不发生火花试验的试件10个。被选出的试件，应是不同表面、不同颜色、不同结晶体、不同硬度的。每个试件重50～250 g，准确度应达到1 g。 试验时，也应在完全黑暗的房间内进行。每个试件在砂轮上摩擦时，应加以10～20 N的压力，将试件任意部分接触砂轮后，仔细观察试件与砂轮摩擦的地方有无火花发生。

续上表

项目	内　容
不发生火花(防爆)建筑地面材料及其制品不发火性的实验方法	必须在每个试件上磨掉不少于20 g后,才能结束试验。 在试验中如没有发现任何瞬时的火花,该材料即为合格。 (3)粉状骨料的试验。粉状骨料除着重试验其制造的原料外,并应将这些细粒材料用胶结料(水泥或沥青)制成块状材料来进行试验,以便于以后发现制品不符合不发火的要求时,能检查原因,同时,也可以减少制品不符合要求的可能性。 (4)不发火水泥砂浆、水磨石和水泥混凝土的试验。试验方法参考上述(2)、(3)

三、施工机械要求

施工机具设备基本要求见表2—39。

表2—39　施工机具设备基本要求

项目	内　容
主要机具设备	搅拌机、尖锹、平锹、水桶、相应筛孔径的筛子、手推车或翻斗车、抹子、木杠、靠尺等
设备要求	应根据施工组织设计或专项施工方案的要求选用噪声低、能耗低的混凝土搅拌机、机动翻斗车等设备
设备保养	设备要定期维修和保养,使其经常处于完好状态

四、施工工艺解析

(1)不发火(防爆)面层施工见表2—40。

表2—40　不发火(防爆)面层施工

项目	内　容
基层处理	在面层施工前,对基层进行清理,剔除各种凸起物、砂浆灰渣等,将灰皮等处理干净,要达到干净、粗糙、湿润、无尘土。并根据面层材料要求涂刷基层界面处理剂
面层施工	根据不同的面层材料选择同类面层的施工操作工艺施工

(2)不发火(防爆)面层的成品保护及应注意的质量问题见表2—41。

表2—41　不发火(防爆)面层的成品保护及应注意的质量问题

项目	内　容
成品保护	(1)面层完成后要进行封闭隔离,养护不少于7 d,达到允许的面层强度或满足相应的要求后方可上人进行下道工序施工。 (2)施工过程中要注意对墙面、门框等的保护,防止损坏。 (3)其他成品保护措施按所选用面层的相应保护措施进行

续上表

项目	内　　容
应注意的质量问题	(1)基层要清理干净,防止水泥类面层发生起皮、起砂、空鼓等现象。 (2)按相应面层材料进行有关注意事项的关注

第三章 板块面层铺板

第一节 砖 面 层

一、验收条文

(1)板、块面层的允许偏差应符合表 3－1 的规定。

表 3－1 板、块面层的允许偏差 (单位:mm)

项次	项目	允许偏差											检验方法
		陶瓷锦砖面层、高级水磨石板、陶瓷地砖面层	缸砖面层	水泥花砖面层	水磨石板块面层	大理石面层和花岗石面层	塑料板面层	水泥混凝土板块面层	碎拼大理石、碎拼花岗石面层	活动地板面层	条石面层	块石面层	
1	表面平整度	2.0	4.0	3.0	3.0	1.0	2.0	4.0	3.0	2.0	10.0	10.0	用 2 m 靠尺和楔形塞尺检查
2	缝格平直	3.0	3.0	3.0	3.0	2.0	3.0	3.0	—	2.5	8.0	8.0	拉 5 m 线和用钢尺检查
3	接缝高低差	0.5	1.5	0.5	1.0	0.5	0.5	1.5	—	0.4	2.0	—	用钢尺和楔形塞尺检查
4	踢脚线上口平直	3.0	4.0	—	4.0	1.0	2.0	4.0	1.0	—	—	—	拉 5 m 线和用钢尺检查
5	板块间隙宽度	2.0	2.0	2.0	2.0	1.0	—	6.0	—	0.3	5.0	—	用钢尺检查

(2)砖面层施工质量验收标准见表3－2。

表3－2 砖面层施工质量验收标准

项目	内容
主控项目	(1)砖面层所用板块产品应符合设计要求和国家现行有关标准的规定。 检验方法:观察检查和检查型式检验报告、出厂检验报告、出厂合格证。 检查数量:同一工程、同一材料、同一生产厂家、同一型号、同一规格、同一批号检查一次。 (2)砖面层所用板块产品进入施工现场时,应有放射性限量合格的检测报告。 检验方法:检查检测报告。 检查数量:同一工程、同一材料、同一生产厂家、同一型号、同一规格、同一批号检查一次。 (3)面层与下一层的结合(黏结)应牢固,无空鼓(单块砖边角允许有局部空鼓,但每自然间或标准间的空鼓砖不应超过总数的5%)。 检验方法:用小锤轻击检查。 检查数量:按《建筑地面工程施工质量验收规范》(GB 50209—2010)中第3.0.21条规定的检验批检查
一般项目	(1)砖面层的表面应洁净、图案清晰,色泽应一致,接缝应平整深浅应一致,周边应顺直。板块应无裂纹、掉角和缺楞等缺陷。 检验方法:观察检查。 检查数量:按《建筑地面工程施工质量验收规范》(GB 50209—2010)中第3.0.21条规定的检验批检查。 (2)面层邻接处的镶边用料及尺寸应符合设计要求,边角应整齐、光滑。 检验方法:观察和用钢尺检查。 检查数量:按《建筑地面工程施工质量验收规范》(GB 50209—2010)中第3.0.21条规定的检验批检查。 (3)踢脚线表面应洁净,与柱、墙面的结合应牢固。踢脚线高度及出柱、墙厚度应符合设计要求,且均匀一致。 检验方法:观察和用小锤轻击及钢尺检查。 检查数量:按《建筑地面工程施工质量验收规范》(GB 50209—2010)中第3.0.21条规定的检验批检查。 (4)楼梯、台阶踏步的宽度、高度应符合设计要求。踏步板块的缝隙宽度应一致;楼层梯段相邻踏步高度差不应大于10 mm;每踏步两端宽度差不应大于10 mm,旋转楼梯梯段的每踏步两端宽度的允许偏差不应大于5 mm。踏步面层应做防滑处理,齿角应整齐,防滑条应顺直、牢固。 检验方法:观察和用钢尺检查。 检查数量:按《建筑地面工程施工质量验收规范》(GB 50209—2010)中第3.0.21条规定的检验批检查。 (5)面层表面的坡度应符合设计要求,不倒泛水、无积水;与地漏、管道结合处应严密牢固,无渗漏。 检验方法:观察、泼水或用坡度尺及蓄水检查。

续上表

项目	内　容
一般项目	检查数量:按《建筑地面工程施工质量验收规范》(GB 50209—2010)中第3.0.21条规定的检验批检查。 (6)砖面层的允许偏差应符合表3－1的规定。 检验方法:按表3－1中的检验方法检验。 检查数量:按《建筑地面工程施工质量验收规范》(GB 50209—2010)中第3.0.21条规定的检验批检查

二、施工材料要求

(1)砖面层材料要求见表3－3。

表3－3　砖面层材料要求

项目	内　容
材料选用的基本要求	(1)建筑地面施工应体现我国的经济技术政策,在符合设计要求和满足使用功能的条件下,应充分采用地方材料,合理利用、推广工业废料,优先选用国产材料,尽量节约资源性原材料,做到技术先进、经济合理、控制污染、卫生环保、确保质量、安全适用。 (2)建筑地面各构造层所采用的原材料、半成品的品种、规格、性能等,应按设计要求选用,除应符合施工规范外,尚应符合现行国家、行业和有关产品材料标准和相关环境管理的规定。 (3)进场材料应有中文质量合格证书、产品性能检测报告、相应的环境保护参数,对重要材料应有复验报告,并经监理部门检查确认合格后方可使用,以控制材料质量和环境因素。 (4)铺设板块面层、木竹面层所采用的胶黏剂、沥青胶结料和涂料等建材产品应按设计要求选用,并应符合现行国家标准《民用建筑工程室内环境污染控制规范》(GB 50325—2010)的规定,以控制对人体直接的危害
机制黏土砖	用于铺设楼地面的机制黏土砖应使用一等品,外形尺寸偏差值小,色泽一致。缺角、裂纹的砖不得使用。砖的抗压强度等级不应低于MU10
陶瓷砖	陶瓷砖是由黏土和其他无机非金属原料制造的用于覆盖墙面和地面的薄板制品,陶瓷砖是在室温下通过挤压、干压或其他方法成型,干燥后,在满足性能要求的温度下烧制而成。砖是有釉(GL)或无釉(UGL)的,而且是不可燃、不怕光的 (1)尺寸描述(图3－1、图3－2)。 (2)间隔凸缘(图3－2)。 带有凸缘的砖,便于使沿直线铺贴的两块砖之间的接缝宽度不超过规定的要求
水泥花砖	水泥花砖系以白水泥或普通水泥为主要原料、掺以颜料、砂等有关材料后,经拌和挤压成型,充分养护而制成的水泥制品,面层可带有各种图案,质地光洁坚硬,经久耐用,适用于建筑物室内的墙面和地面用砖

续上表

项目	内　　容
缸砖、防潮砖(红地砖)	系由质地优良的黏土胶泥压制成型，干燥后经焙烧而成，耐压强度较高，耐磨性能良好，具有防水、防潮性能。适用于铺设厨房、浴室、厕所等房间的楼地面，其质量应符合国家建材标准和相应的产品技术指标
水泥、砂和水泥砂浆	(1)水泥应采用硅酸盐水泥、普通硅酸盐水泥或矿渣硅酸盐水泥，强度等级不应低于32.5级。 (2)砂应采用洁净、无有机杂质的粗砂或中砂，含泥量不大于3%。 (3)铺设缸砖、陶瓷砖、陶瓷地砖等面层砖时，水泥砂浆体积比宜为1∶2，稠度宜为25～25 mm；铺设机制黏土砖、水泥花砖等面层砖时，水泥砂浆体积比宜为1∶3，其稠度宜为30～35 mm
沥青胶结料	沥青胶结料宜用石油沥青与纤维、粉料或纤维与粉料混合的填充料配制面成
胶黏剂	胶黏剂应为防霉、防菌，并应符合现行国家标准《民有建筑工程室内环境污染控制规范》(GB 50325—2010)的相应规定
颜料	应选用耐碱、耐光的矿物颜料

注：1. 这里描述的尺寸只适用于矩形砖，对于非矩形砖可以采用相应的最小矩形的尺寸。
2. 两块砖之间连接位置的凸缘由水泥砂浆覆盖使凸缘不暴露在外。
3. 由制造者提供工作尺寸，可以按相同情况将干压成型砖加工间隔凸缘。

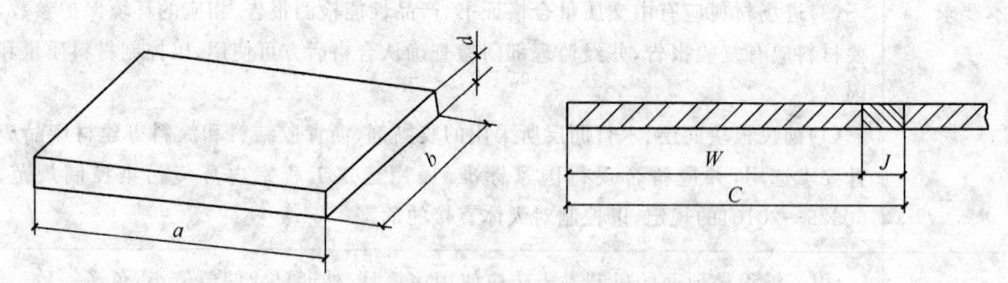

配合尺寸（C）=工作尺寸（W）+连接宽度（J）
工作尺寸（W）=可见面（a）、（b）和厚度（d）尺寸

图3－1　砖的尺寸

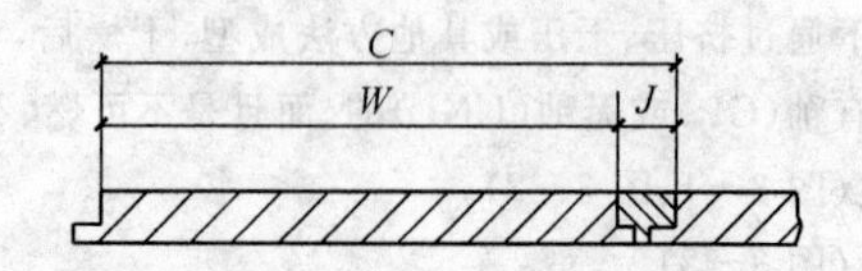

配合尺寸（C）=工作尺寸（W）+连接宽度（J）
工作尺寸（W）=可见面（a）、（b）和厚度（d）尺寸

图3－2　带有间隔凸缘的砖

(2)陶瓷砖

1)陶瓷砖按成型方法和吸水率进行分类见表3－4。

表 3-4　陶瓷砖按成型方法和吸水率分类表

成型方法	Ⅰ类 $E\leqslant 3\%$	Ⅱa 类 $3\%<E\leqslant 6\%$	Ⅱb 类 $6\%<E\leqslant 10\%$	Ⅲ类 $E>10\%$
A(挤压)	AⅠ类	AⅡa1 类① AⅡa2 类①	AⅡb1 类① AⅡb2 类①	AⅢ类
B(干压)	BⅠa 类 瓷质砖 $E\leqslant 0.5\%$ BⅠb 类 炻瓷砖 $0.5<E\leqslant 3\%$	BⅡa 类 细炻砖	BⅡb 类 炻质砖	BⅢ类② 陶质砖
C(其他)	CⅠ类	CⅡa 类	CⅡa 类	CⅢa 类

①AⅡa 类和 AⅡb 类按照产品不同性能分为两个部分。

②BⅢ类仅包括有釉砖,此类不包括吸水率大于 10%的干压成型无釉砖。

2)不同用途陶瓷砖的产品性能要求见表 3—5。

表 3-5　不同用途陶瓷砖的产品性能要求

性　能	地　砖		墙　砖	
尺寸和表面质量	室内	室外	室内	室外
长度和宽度	×	×	×	×
厚度	×	×	×	×
边直度	×	×	×	×
直角度	×	×	×	×
表面平整度(弯曲度和翘曲度)	×	×	×	×
物理性能	室内	室外	室内	室外
吸水率	×	×	×	×
破坏强度	×	×	×	×
断裂模数	×	×	×	×
无釉砖耐磨深度	×	×		
有釉砖表面耐磨性	×	×		
线性热膨胀	×	×	×	×
抗热震性	×	×	×	×
有釉砖抗釉裂性	×	×	×	×
抗冻性		×		×
摩擦系数	×	×		×
湿膨胀	×	×	×	×
小色差	×	×	×	×
抗冲击性	×	×		
抛光砖光泽度	×	×	×	×
化学性能	室内	室外	室内	室外
有釉砖耐污染性	×	×	×	×
无釉砖耐污染性	×	×	×	×
耐低浓度酸和碱化学腐蚀性	×	×	×	×
耐高浓度酸和碱化学腐蚀性	×	×	×	×
耐家庭化学试剂和游泳池盐类化学腐蚀性	×	×	×	×
有釉砖铅和镉的溶出量	×	×	×	×

3)挤压陶瓷砖($E\leqslant3\%$,AⅠ类)技术要求见表3－6。

表3－6　挤压陶瓷砖技术要求($E\leqslant3\%$,AⅠ类)

技术要求			
尺寸和表面质量		精细	普通
长度和宽度	每块砖(2条或4条边)的平均尺寸相对于工作尺寸 W 的允许偏差(%)	±1.0,最大±2 mm	±2.0,最大±4 mm
	每块砖(2条或4条边)的平均尺寸相对于10块砖(20条或40条边)平均尺寸的允许偏差(%)	±1.0	±1.5
	制造商选择工作尺寸应满足以下要求: (1)模数砖名义尺寸连接宽度允许在3～11 mm之间①。 (2)非模数砖工作尺寸与名义尺寸之间的偏差在±3 mm之间		
厚度 (1)厚度由制造商确定。 (2)每块砖厚度的平均值相对于工作尺寸厚度的允许偏差(%)		±10	±10
边直度②(正面) 相对于工作尺寸的最大允许偏差(%)		±0.5	±0.6
直角度② 相对于工作尺寸的最大允许偏差(%)		±1.0	±1.0
表面平整度最大允许偏差(%)	相对于由工作尺寸计算的对角线的中心弯曲度	±0.5	±1.5
	相对于工作尺寸的边弯曲度	±0.5	±1.5
	相对于由工作尺寸计算的对角线的翘曲度	±0.8	±1.5
表面质量③		至少95%的砖主要区域无明显缺陷	
物理性能		精细	普通
吸水率⑦,质量分数		平均值≤3.0%,单值≤3.3%	平均值≤3.0%,单值≤3.3%
破坏强度(N)	厚度≥7.5 mm	≥1 100	≥1 100
	厚度<7.5 mm	≥600	≥600
断裂模数(MPa) 不适用于破坏强度大于或等于3 000 N的砖		平均值≥23,单值≥18	平均值≥23,单值≥18
耐磨性	(1)无釉地砖耐磨损体积(mm^3)	≤275	≤275
	(2)有釉地砖表面耐磨性	报告陶瓷砖耐磨性级别和转数	
线性热膨胀系数④	从环境温度到100℃	见表3－18	

续上表

技术要求			
物理性能		精细	普通
抗热震性④		见表3－18	
有釉砖抗釉裂性⑤		经试验应无釉裂	
抗冻性④		见表3－18	
地砖摩擦系数		制造商应报告陶瓷地砖的摩擦系数和试验方法	
湿膨胀④（mm/m）		见表3－18	
小色差④		见表3－18	
抗冲击性④		见表3－18	
化学性能		精细	普通
耐污染性	有釉砖	最低3级	最低3级
	无釉砖④	见表3－18	
抗化学腐蚀性	耐低浓度酸和碱 (1)有釉砖 (2)无釉砖⑥	制造商应报告耐化学腐蚀性等级	制造商应报告耐化学腐蚀性等级
	耐高浓度酸和碱④	见表3－18	
	耐家庭化学试剂和游泳池盐类 (1)有釉砖 (2)无釉砖⑥	不低于GB级 不低于UB级	不低于GB级 不低于UB级
铅和镉的熔出量④		见表3－18	

①以非公制尺寸为基础的习惯用法也可用在同类型砖的连接宽度上。

②不适用于有弯曲形状的砖。

③在烧成过程中，产品与标准板之间的微小色差是难免的。本条款不适用于在砖的表面有意制造的色差（表面可能是有釉的、无釉的或部分有釉的）或在砖的部分区域内为了突出产品的特点而希望的色差。用于装饰目的的斑点或色斑不能看作为缺陷。

④表中所列“见表3－18”涉及项目不是所有产品都必检的，是否有必要对这些项目进行检验应按表3－18的规定确定。

⑤制造商对于为装饰效果而产生的裂纹应加以说明。

⑥如果色泽有微小变化，不应算是化学腐蚀。

⑦吸水率最大单个值为0.5%的砖是全玻化砖（常被认为是不吸水的）。

4)挤压陶瓷砖（3%＜E≤6%，AⅡa类）——第1部分技术要求见表3－7。

表 3－7　挤压陶瓷砖技术要求（3%＜E≤6%，AⅡa类——第1部分）

技术要求			
尺寸和表面质量		精细	普通
长度和宽度	每块砖(2条或4条边)的平均尺寸相对于工作尺寸 W 的允许偏差(%)	±1.25， 最大±2 mm	±2.0 最大±4 mm
	每块砖(2条或4条边)的平均尺寸相对于10块砖(20条或40条边)平均尺寸的允许偏差(%)	±1.0	±1.5
	制造商选择工作尺寸应满足以下要求。 (1)模数砖名义尺寸连接宽度允许在3～11 mm之间[①]。 (2)非模数砖工作尺寸与名义尺寸之间的偏差在±3 mm之间		
厚度 (1)厚度由制造商确定； (2)每块砖厚度的平均值相对于工作尺寸厚度的允许偏差(%)		±10	±10
边直度[②](正面) 相对于工作尺寸的最大允许偏差(%)		±0.5	±0.6
直角度[②] 相对于工作尺寸的最大允许偏差(%)		±1.0	±1.0
表面平整度最大允许偏差(%)	相对于由工作尺寸计算的对角线的中心弯曲度	±0.5	±1.5
	相对于工作尺寸的边弯曲度	±0.5	±1.5
	相对于由工作尺寸计算的对角线的翘曲度	±0.8	±1.5
表面质量[③]		至少95%的砖主要区域无明显缺陷	
物理性能		精细	普通
吸水率，质量分数		3.0%＜平均值，≤6.0% 单值≤6.5%	3.0%＜平均值，≤6.0% 单值≤6.5%
破坏强度(N)	厚度≥7.5 mm	≥950	≥950
	厚度≥7.5 mm	≥600	≥600
断裂模数(MPa) 不适用于破坏强度大于或等于3 000 N的砖		平均值≥20， 单值≥18	平均值≥20， 单值≥18

续上表

技术要求			
物理性能		精细	普通
耐磨性	无釉地砖耐磨损体积(mm^3)	≤393	≤393
	有釉地砖表面耐磨性	报告陶瓷砖耐磨性级别和转数	
线性热膨胀系数[4]	从环境温度到 100℃	见表 3－18	
抗热震性[4]		见表 3－18	
有釉砖抗釉裂性[5]		经试验应无釉裂	
抗冻性[4]		见表 3－18	
地砖摩擦系数		制造商应报告陶瓷地砖的摩擦系数和试验方法	
湿膨胀[4](mm/m)		见表 3－18	
小色差[4]		见表 3－18	
抗冲击性[4]		见表 3－18	
化学性能		精细	普通
耐污染性	有釉砖	最低 3 级	最低 3 级
	无釉砖[4]	见表 3－18	
抗化学腐蚀性	耐低浓度酸和碱 (1)有釉砖； (2)无釉砖[6]	制造商应报告耐化学腐蚀性等级	制造商应报告耐化学腐蚀性等级
	耐高浓度酸和碱[4]	见表 3－18	
	耐家庭化学试剂和游泳池盐类 (1)有釉砖； (2)无釉砖[6]	不低于 GB 级 不低于 UB 级	不低于 GB 级 不低于 UB 级
铅和镉的熔出量[4]		见表 3－18	

①以非公制尺寸为基础的习惯用法也可用在同类型砖的连接宽度上。

②不适用于有弯曲形状的砖。

③在烧成过程中，产品与标准板之间的微小色差是难免的。本条款不适用于在砖的表面有意制造的色差(表面可能是有釉的、无釉的或部分有釉的)或在砖的部分区域内为了突出产品的特点而希望的色差。用于装饰目的的斑点或色斑不能看作为缺陷。

④表中所列“见表 3－18”涉及项目不是所有产品都必检的，是否有必要对这些项目进行检验应按表 3－18的规定确定。

⑤制造商对于为装饰效果而产生的裂纹应加以说明。

⑥如果色泽有微小变化，不应算是化学腐蚀。

5)挤压陶瓷砖(3%<E≤6%,AⅡa类)——第2部分技术要求见表3－8。

表3－8 挤压陶瓷砖技术要求(3%<E≤6%,AⅡa类——第2部分)

技术要求		精细	普通
尺寸和表面质量		精细	普通
长度和宽度	每块砖(2条或4条边)的平均尺寸相对于工作尺寸W的允许偏差(%)	±1.5，最大±2 mm	±2.0，最大±4 mm
长度和宽度	每块砖(2条或4条边)的平均尺寸相对于10块砖(20条或40条边)平均尺寸的允许偏差(%)	±1.5	±1.5
长度和宽度	制造商选择工作尺寸应满足以下要求： (1)模数砖名义尺寸连接宽度允许在3～11 mm之间①。 (2)非模数砖工作尺寸与名义尺寸之间的偏差不大于±3 mm		
厚度 (1)厚度由制造商确定。 (2)每块砖厚度的平均值相对于工作尺寸厚度的允许偏差(%)		±10	±10
边直度②(正面) 相对于工作尺寸的最大允许偏差(%)		±1.0	±1.0
直角度② 相对于工作尺寸的最大允许偏差(%)		±1.0	±1.0
表面平整度最大允许偏差(%)	相对于由工作尺寸计算的对角线的中心弯曲度	±1.0	±1.5
表面平整度最大允许偏差(%)	相对于工作尺寸的边弯曲度	±1.0	±1.5
表面平整度最大允许偏差(%)	相对于由工作尺寸计算的对角线的翘曲度	±1.5	±1.5
表面质量③		至少95%的砖主要区域无明显缺陷	
物理性能		精细	普通
吸水率,质量分数		3.0%<平均值,≤6.0% 单值≤6.5%	3.0%<平均值,≤6.0% 单值≤6.5%
破坏强度(N)	厚度≥7.5 mm	≥800	≥800
破坏强度(N)	厚度<7.5 mm	≥600	≥600
断裂模数(MPa) 不适用于破坏强度大于或等于3 000 N的砖		平均值≥13，单值≥11	平均值≥13，单值≥11
耐磨性	无釉地砖耐磨损体积(mm^3)	≤541	≤541
耐磨性	有釉地砖表面耐磨性	报告陶瓷砖耐磨性级别和转数	
线性热膨胀系数④	从环境温度到100℃	见表3－18	

续上表

技术要求			
物理性能		精细	普通
抗热震性④		见表 3－18	
有釉砖抗釉裂性⑤		经试验应无釉裂	
抗冻性④		见表 3－18	
地砖摩擦系数		制造商应报告陶瓷地砖的摩擦系数和试验方法	
湿膨胀④(mm/m)		见表 3－18	
小色差④		见表 3－18	
抗冲击性④		见表 3－18	
化学性能		精细	普通
耐污染性	有釉砖	最低 3 级	最低 3 级
	无釉砖④	见表 3－18	
抗化学腐蚀性	耐低浓度酸和碱 (1)有釉砖 (2)无釉砖⑥	制造商应报告耐化学腐蚀性等级	制造商应报告耐化学腐蚀性等级
	耐高浓度酸和碱④	见表 3－18	
	耐家庭化学试剂和游泳池盐类 (1)有釉砖 (2)无釉砖⑥	不低于 GB 级 不低于 UB 级	不低于 GB 级 不低于 UB 级
铅和镉的熔出量④		见表 3－18	

①以非公制尺寸为基础的习惯用法也可用在同类型砖的连接宽度上。

②不适用于有弯曲形状的砖。

③在烧成过程中,产品与标准板之间的微小色差是难免的。本条款不适用于在砖的表面有意制造的色差(表面可能是有釉的、无釉的或部分有釉的)或在砖的部分区域内为了突出产品的特点而希望的色差。用于装饰目的的斑点或色斑不能看作为缺陷。

④表中所列"见表 3－18"涉及项目不是所有产品都必检的,是否有必要对这些项目进行检验应按表 3－18的规定确定。

⑤制造商对于为装饰效果而产生的裂纹应加以说明,这种情况下,《陶瓷砖试验方法　第 11 部分:有釉砖抗釉烈性的测定》(GB/T 3810.11—2006)规定的釉裂试验不适用。

⑥如果色泽有微小变化,不应算是化学腐蚀。

6)挤压陶瓷砖($6\% < E \leqslant 10\%$,AⅡb 类)——第 1 部分技术要求见表 3－9。

表 3－9 挤压陶瓷砖技术要求(6%＜E≤10%，AⅡb 类——第 1 部分)

技术要求			
尺寸和表面质量		精细	普通
长度和宽度	每块砖(2 条或 4 条边)的平均尺寸相对于工作尺寸 W 的允许偏差(%)	±2.0，最大±2 mm	±2.0，最大±4 mm
长度和宽度	每块砖(2 条或 4 条边)的平均尺寸相对于 10 块砖(20 条或 40 条边)平均尺寸的允许偏差(%)	±1.5	±1.5
长度和宽度	制造商选择工作尺寸应满足以下要求： (1)模数砖名义尺寸连接宽度允许在 3～11 mm 之间①。 (2)非模数砖工作尺寸与名义尺寸之间的偏差大于±3 mm		
厚度 (1)厚度由制造商确定。 (2)每块砖厚度的平均值相对于工作尺寸厚度的允许偏差(%)		±10	±10
边直度②(正面) 相对于工作尺寸的最大允许偏差(%)		±1.0	±1.0
直角度② 相对于工作尺寸的最大允许偏差(%)		±1.0	±1.0
表面平整度最大允许偏差(%)	相对于由工作尺寸计算的对角线的中心弯曲度	±1.0	±1.5
表面平整度最大允许偏差(%)	相对于工作尺寸的边弯曲度	±1.0	±1.5
表面平整度最大允许偏差(%)	相对于由工作尺寸计算的对角线的翘曲度	±1.5	±1.5
表面质量③		至少 95%的砖主要区域无明显缺陷	
物理性能		精细	普通
吸水率，质量分数		6%＜平均值，≤10% 单值≤11%	6%＜平均值，≤10% 单值≤11%
破坏强度(N)		≥900	≥900
断裂模数(MPa) 不适用于破坏强度≥3 000 N 的砖		平均值≥17.5，单值≥15	平均值≥17.5，单值≥15
耐磨性	无釉地砖耐磨损体积(mm^3)	≤649	≤649
耐磨性	有釉地砖表面耐磨性	报告陶瓷砖耐磨性级别和转数	
线性热膨胀系数④	从环境温度到 100℃	见表 3－18	

续上表

<table>
<tr><th colspan="4">技术要求</th></tr>
<tr><th colspan="2">物理性能</th><th>精细</th><th>普通</th></tr>
<tr><td colspan="2">抗热震性④</td><td colspan="2">见表 3－18</td></tr>
<tr><td colspan="2">有釉砖抗釉裂性⑤</td><td colspan="2">经试验应无釉裂</td></tr>
<tr><td colspan="2">抗冻性④</td><td colspan="2">见表 3－18</td></tr>
<tr><td colspan="2">地砖摩擦系数</td><td colspan="2">制造商应报告陶瓷地砖的摩擦系数和试验方法</td></tr>
<tr><td colspan="2">湿膨胀④(mm/m)</td><td colspan="2">见表 3－18</td></tr>
<tr><td colspan="2">小色差④</td><td colspan="2">见表 3－18</td></tr>
<tr><td colspan="2">抗冲击性④</td><td colspan="2">见表 3－18</td></tr>
<tr><th colspan="2">化学性能</th><th>精细</th><th>普通</th></tr>
<tr><td rowspan="2">耐污染性</td><td>有釉砖</td><td>最低 3 级</td><td>最低 3 级</td></tr>
<tr><td>无釉砖④</td><td colspan="2">见表 3－18</td></tr>
<tr><td rowspan="3">抗化学腐蚀性</td><td>耐低浓度酸和碱
(1)有釉砖；
(2)无釉砖⑥</td><td>制造商应报告耐化学腐蚀性等级</td><td>制造商应报告耐化学腐蚀性等级</td></tr>
<tr><td>耐高浓度酸和碱④</td><td colspan="2">见表 3－18</td></tr>
<tr><td>耐家庭化学试剂和游泳池盐类
(1)有釉砖；
(2)无釉砖⑥</td><td>不低于 GB 级
不低于 UB 级</td><td>不低于 GB 级
不低于 UB 级</td></tr>
<tr><td colspan="2">铅和隔的熔出量④</td><td colspan="2">见表 3－18</td></tr>
</table>

①以非公制尺寸为基础的习惯用法也可用在同类型砖的连接宽度上。

②不适用于有弯曲形状的砖。

③在烧成过程中，产品与标准板之间的微小色差是难免的。本条款不适用于在砖的表面有意制造的色差(表面可能是有釉的、无釉的或部分有釉的)或在砖的部分区域内为了突出产品的特点而希望的色差。用于装饰目的的斑点或色斑不能看作为缺陷。

④表中所列"见表 3－18"涉及项目不是所有产品都必检的，是否有必要对这些项目进行检验应按表 3－18的规定确定。

⑤制造商对于为装饰效果而产生的裂纹应加以说明，这种情况下，《陶瓷砖试验方法 第 11 部分：有釉砖抗釉裂性的测定》(GB/T 3810.11—2006)规定的釉裂试验不适用。

⑥如果色泽有微小变化，不应算是化学腐蚀。

7)挤压陶瓷砖($6\%<E\leqslant10\%$，AⅡb 类)——第 2 部分技术要求见表 3－10。

表 3－10　挤压陶瓷砖技术要求(6%＜E≤10%。AⅡb类——第2部分)

技术要求		
尺寸和表面质量	精细	普通
长度和宽度：每块砖(2条或4条边)的平均尺寸相对于工作尺寸 W 的允许偏差(%)	±2.0，最大±2 mm	±2.0，最大±4 mm
长度和宽度：每块砖(2条或4条边)的平均尺寸相对于10块砖(20条或40条边)平均尺寸的允许偏差(%)	±1.5	±1.5
长度和宽度：制造商选择工作尺寸应满足以下要求： (1)模数砖名义尺寸连接宽度允许在3～11 mm之间①。 (2)非模数砖工作尺寸与名义之间的偏差不大于±3 mm		
厚度 (1)厚度由制造商确定。 (2)每块砖厚度的平均值相对于工作尺寸厚度的允许偏差(%)	±10	±10
边直度②(正面) 相对于工作尺寸的最大允许偏差(%)	±1.0	±1.0
直角度② 相对于工作尺寸的最大允许偏差(%)	±1.0	±1.0
表面平整度最大允许偏差(%)：相对于由工作尺寸计算的对角线的中心弯曲度	±1.0	±1.5
表面平整度最大允许偏差(%)：相对于工作尺寸的边弯曲度	±1.0	±1.5
表面平整度最大允许偏差(%)：相对于由工作尺寸计算的对角线的翘曲度	±1.5	±1.5
表面质量③	至少95%的砖主要区域无明显缺陷	
物理性能	精细	普通
吸水率，质量分数	6%＜平均值，≤10% 单值≤11%	6%＜平均值，≤10% 单值≤11%
破坏强度(N)	≥750	≥750
断裂模数(MPa) 不适用于破坏强度≥3 000 N的砖	平均值≥9，单值≥8	平均值≥9，单值≥8

续上表

技术要求			
物理性能		精细	普通
耐磨性	无釉地砖耐磨损体积(mm^3)	≤1 062	≤1 062
	有釉地砖表面耐磨性	报告陶瓷砖耐磨性级别和转数	
线性热膨胀系数④	从环境温度到100℃	见表3－18	
抗热震性④		见表3－18	
有釉砖抗釉裂性⑤		经试验应无釉裂	
抗冻性④		见表3－18	
地砖摩擦系数		制造商应报告陶瓷地砖的摩擦系数和试验方法	
湿膨胀④(mm/m)		见表3－18	
小色差④		见表3－18	
抗冲击性④		见表3－18	
化学性能		精细	普通
耐污染性	有釉砖	最低3级	最低3级
	无釉砖④	见表3－18	
抗化学腐蚀性	耐低浓度酸碱 (1)有釉砖; (2)无釉砖⑥	制造商应报告耐化学腐蚀性等级	制造商应报告耐化学腐蚀性等级
	耐高浓度酸和碱④	见表3－18	
	耐家庭化学试剂和游泳池盐类 (1)有釉砖; (2)无釉砖⑥	 不低于GB级 不低于UB级	 不低于GB级 不低于UB级
铅和镉的熔出量④		见表3－18	

注:参见表3－9表注。

8)挤压陶瓷砖($E>10\%$,AⅢ类)技术要求见表3－11。

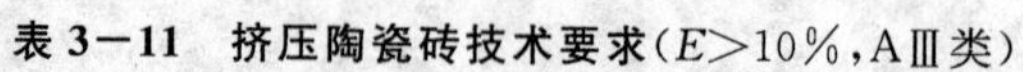

表 3－11 挤压陶瓷砖技术要求（$E>10\%$，AⅢ类）

技术要求			
尺寸和表面质量		精细	普通
长度和宽度	每块砖（2 条或 4 条边）的平均尺寸相对于工作尺寸（W）的允许偏差（%）	±2.0， 最大±2 mm	±2.0 最大±4 mm
	每块砖（2 条或 4 条边）的平均尺寸相对于 10 块砖（20 条或 40 条边）平均尺寸的允许偏差（%）	±1.5	±1.5
	制造商选择工作尺寸应满足以下要求： (1)模数砖名义尺寸连接宽度允许在 3～11 mm 之间①。 (2)非模数砖工作尺寸与名义尺寸之间的偏差不大于±3 mm		
厚度 (1)厚度由制造商确定。 (2)每块砖厚度的平均值相对于工作尺寸厚度的允许偏差（%）		±10	±10
边直度②（正面） 相对于工作尺寸的最大允许偏差（%）		±1.0	±1.0
直角度② 相对于工作尺寸的最大允许偏差（%）		±1.0	±1.0
表面平整度最大允许偏差（%）	相对于由工作尺寸计算的对角线的中心弯曲度	±1.0	±1.5
	相对于工作尺寸的边弯曲度	±1.0	±1.5
	相对于由工作尺寸计算的对角线的翘曲度	±1.5	±1.5
表面质量③		至少 95%的砖主要区域无明显缺陷	
物理性能		精细	普通
吸水率，质量分数		平均值>10%	平均值>10%
破坏强度（N）		≥600	≥600
断裂模数（MPa） 不适用于破坏强度≥3 000 N 的砖		平均值≥8， 单值≥7	平均值≥8， 单值≥7

续上表

技术要求			
物理性能		精细	普通
耐磨性	无釉地砖耐磨损体积(mm^3)	≤2 365	≤2 365
	有釉地砖表面耐磨性	报告陶瓷砖耐磨性级别和转数	
线性热膨胀系数[4]	从环境温度到100℃	见表3－18	
抗热震性[4]		见表3－18	
有釉砖抗釉裂性[5]		经试验应无釉裂	
抗冻性[4]		见表3－18	
地砖摩擦系数		制造商应报告陶瓷地砖的摩擦系数和试验方法	
湿膨胀[4](mm/m)		见表3－18	
小色差[4]		见表3－18	
抗冲击性[4]		见表3－18	
化学性能		精细	普通
耐污染性	有釉砖	最低3级	最低3级
	无釉砖[4]	见表3－18	
抗化学腐蚀性	耐低浓度酸和碱 (1)有釉砖； (2)无釉砖[6]	制造商应报告耐化学腐蚀性等级	制造商应报告耐化学腐蚀性等级
	耐高浓度酸和碱[4]	见表3－18	
	耐家庭化学试剂和游泳池盐类 (1)有釉砖； (2)无釉砖[6]	不低于GB级 不低于UB级	不低于GB级 不低于UB级
铅和镉的熔出量[4]		见表3－18	

注：参见表3－9表注。

9)干压陶瓷砖(E≤0.5％，BⅠa类)——瓷质砖技术要求见表3－12。

表 3－12　干压陶瓷砖：瓷质砖技术要求（$E \leqslant 0.5\%$，BⅠa 类）

技术要求						
尺寸和表面质量		产品表面积 S(cm²)				
		$S \leqslant 90$	$90 < S \leqslant 190$	$190 < S \leqslant 410$	$410 < S \leqslant 1\ 600$	$S > 1\ 600$
长度和宽度	每块砖（2 条或 4 条边）的平均尺寸相对于工作尺寸 W 的允许偏差（%）	±1.2	±1.0	±0.75	±0.6	±0.5
		每块抛光砖（2 条或 4 条边）的平均尺寸相对于工作尺寸的允许偏差为±1.0 mm。				
	每块砖（2 条或 4 条边）的平均尺寸相对于 10 块砖（20 条或 40 条边）平均尺寸的允许偏差（%）	±0.75	±0.5	±0.5	±0.5	±0.4
	制造商应选用以下尺寸 （1）模数砖名义尺寸连接宽度允许在 2～5 mm 之间[①]。 （2）非模数砖工作尺寸与名义尺寸之间的偏差在±2%之间，最大 5 mm					
厚度 （1）厚度由制造商确定。 （2）每块砖厚度的平均值相对于工作尺寸厚度的允许偏差（%）		±10	±10	±5	±5	±5
边直度[②] 相对于工作尺寸的最大允许偏差（%）		±0.75	±0.5	±0.5	±0.5	±0.3
		抛光砖的边直度允许偏差为±0.2%，且最大偏差≤2.0 mm				
直角度[②] 相对于工作尺寸的最大允许偏差（%）		±1.0	±0.6	±0.6	±0.6	±0.5
		抛光砖的直角度允许偏差为±0.2%，且最大偏差≤2.0 mm。 边长在于 600 mm 的砖，直角度用对边长度差和对角线长度差表示，最大偏差≤2.0 mm				
表面平整度最大允许偏差（%）	相对于由工作尺寸计算的对角线的中心弯曲度	±1.0	±0.5	±0.5	±0.5	±0.4
	相对于工作尺寸的边弯曲度	±1.0	±0.5	±0.5	±0.5	±0.4
	相对于由工作尺寸计算的对角线的翘曲度	±1.0	±0.5	±0.5	±0.5	±0.4
	抛光砖的表面平整度允许偏差为±0.2%，且最大偏差≤2.0 mm。 边长大于 600 mm 的砖，表面平整度用上凸和下凹表示，其最大偏差≤2.0 mm					

续上表

技术要求						
尺寸和表面质量		产品表面积 $S(cm^2)$				
		$S \leqslant 90$	$90 < S \leqslant 190$	$190 < S \leqslant 410$	$410 < S \leqslant 1\ 600$	$S > 1\ 600$
表面质量[3]		至少95%的砖其主要区域无明显缺陷				
物理性能		要求				
吸水率[7]，质量分数		平均值≤0.5%，单值≤0.6%				
破坏强度（N）	厚度≥7.5 mm	≥1 300				
	厚度<7.5 mm	≥700				
断裂模数(MPa) 不适用于破坏强度大于或等于3 000 N的砖		平均值≥35，单值≥32				
耐磨性	无釉地砖耐磨损体积(mm^3)	≤175				
	有釉地砖表面耐磨性	报告陶瓷砖耐磨性级别和转数				
线热膨胀系数[4] 从环境温度到100℃		见表3－18				
抗热震性		见表3－18				
有釉砖抗釉裂性[5]		经试验应无釉裂				
抗冻性		经试验应无裂纹或剥落				
地砖摩擦系数		制造商应报告陶瓷地砖的摩擦系数和试验方法				
湿膨胀[4](mm/m)		见表3－18				
小色差[4]		见表3－18				
抗冲击性[4]		见表3－18				
抛光砖光泽度[8]		≥55				
化学性能		要求				
耐污染性	有釉砖	最低3级				
	无釉砖[4]	见表3－18				
抗化学腐蚀性	耐低浓度酸和碱 (1)有釉砖； (2)无釉砖[7]	制造商应报告耐化学腐蚀性等级				

续上表

技术要求		
化学性能		要求
抗化学腐蚀性	耐高浓度酸和碱④	见表 3－18
	耐家庭化学试剂和游泳池盐类	(1)有釉砖　不低于 GB 级 (2)无釉砖⑦　不低于 UB 级

①以非公制尺寸为基础的习惯用法也可用在同类型砖的连接宽度上。

②不适用于有弯曲形状的砖。

③在烧成过程中，产品与标准板之间的微小色差是难免的。本条款不适用于在砖的表面有意制造的色差(表面可能是有釉的、无釉的或部分有釉的)或在砖的部分区域内为了突出产品的特点而希望的色差。用于装饰目的的斑点或色斑不能看作为缺陷。

④表中所列“见表 3－18”涉及项目不是所有产品都必检的。是否有必要对这些项目进行检验应按表 3－18的规定确定。

⑤制造商对于为装饰效果而产生的裂纹应加以说明，这种情况下，《陶瓷砖试验方法　第 11 部分：有釉砖抗釉裂性的测定》(GB/T 3810.11—2006)规定的釉裂试验不适用。

⑥如果色泽有微小变化，不应算是化学腐蚀。

⑦吸水率最大单个值为 0.5%的砖是全玻化砖(常被认为是不吸水的)。

⑧适用于有镜面效果的抛光砖，不包括半抛光和局部抛光的砖。

10)干压陶瓷砖(0.5%<E≤3%，BⅠb 类)——炻瓷砖技术要求见表 3－13。

表 3－13　干压陶瓷砖：炻瓷砖技术要求(0.5%<E≤3%，BⅠb 类)

技术要求					
尺寸和表面质量		产品表面积 S(cm^2)			
		S≤90	90<S≤190	190<S≤410	S>410
长度和宽度	每块砖(2 条或 4 条边)的平均尺寸相对于工作尺寸 W 的允许偏差(%)	±1.2	±1.0	±0.75	±0.6
	每块砖(2 条或 4 条边)的平均尺寸相对于 10 块砖(20 条或 40 条边)平均尺寸的允许偏差(%)	±0.75	±0.5	±0.5	±0.5
	制造商应选用以下尺寸： (1)模数砖名义尺寸连接宽度允许在 2～5 mm 之间①。 (2)非模数砖工作尺寸与名义尺寸之间的偏差在±2%之间，最大 5 mm				

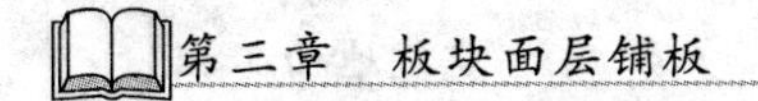

续上表

技术要求					
尺寸和表面质量		产品表面积 S(cm^2)			
		S≤90	90＜S≤190	190＜S≤410	S＞410
厚度 (1)厚度由制造商确定。 (2)每块砖厚度的平均值相对于工作尺寸厚度的允许偏差(%)		±10	±10	±5	±5
直角度②(正面) 相对于工作尺寸的最大允许偏差(%)		±0.75	±0.5	±0.5	±0.5
直角度② 相对于工作尺寸的最大允许偏差(%)		±1.0	±0.6	±0.6	±0.6
表面平整度最大允许偏差(%)	相对于由工作尺寸计算的对角线的中心弯曲度	±1.0	±0.5	±0.5	±0.5
	相对于工作尺寸的边弯曲度	±1.0	±0.5	±0.5	±0.5
	相对于由工作尺寸计算的对角线的翘曲度	±1.0	±0.5	±0.5	±0.5
表面质量③		至少95%的砖其主要区域无明显缺陷			
物理性能		要求			
吸水率⑦,质量分数		0.5%＜E≤3%,单个最大值≤3.3%			
破坏强度(N)	厚度≥7.5 mm	≥1 100			
	厚度＜7.5 mm	≥700			
断裂模数(MPa) 不适用于破坏强度大于或等于3 000 N的砖		平均值≥30,单个最小值≥27			
耐磨性	无釉地砖耐磨损体积(mm^3)	≤1.75			
	有釉地砖表面耐磨性	报告陶瓷砖耐磨性级别和转数			
线性热膨胀系数④ 从环境温度到100℃		见表3－18			
抗热震性		见表3－18			
有釉砖抗釉裂性⑤		经试验应无釉裂			

续上表

技术要求		
物理性能		要求
抗冻性		经试验应无裂纹或剥落
地砖摩擦系数		制造商应报告陶瓷地砖的摩擦系数和试验方法
湿膨胀④		见表 3－18
小色差④		见表 3－18
抗冲击性④		见表 3－18
化学性能		要求
耐污染性	有釉砖	最低 3 级
	无釉砖④	见表 3－18
抗化学腐蚀性	耐低浓度酸和碱 (1)有釉砖； (2)无釉砖⑥	制造商应报告耐化学腐蚀性等级
	耐高浓度酸和碱④	见表 3－18
	耐家庭化学试剂和游泳池盐类 (1)有釉砖； (2)无釉砖⑥	 不低于 GB 级 不低于 UB 级
铅和镉的熔出量④		见表 3－18

①以非公制尺寸为基础的习惯用法也可用在同类型砖的连接宽度上。

②不适用于有弯曲形状的砖。

③在烧成过程中，产品与标准板之间的微小色差是难免的。本条款不适用于在砖的表面有意制造的色差(表面可能是有釉的、无釉的或部分有釉的)或在砖的部分区域内为了突出产品的特点而希望的色差。用于装饰目的的斑点或色斑不能看作为缺陷。

④表中所列“见表 3－18”涉及项目不是所有产品都必检的，是否有必要对这些项目进行检验应按表 3－18的规定确定。

⑤制造商对于为装饰效果而产生的裂纹应加以说明，这种情况下，《陶瓷砖试验方法　第 11 部分：有釉砖抗釉裂性的测定》(GB/T 3810.11—2006)规定的釉裂试验 不适用。

⑥如果色泽有微小变化，不应算是化学腐蚀。

⑦吸水率最大单个值为 0.5%的砖是全玻化砖(常被认为是不吸水的)。

11)干压陶瓷砖(3%＜E≤6%，BⅡa 类)——细炻砖技术要求见表 3－14。

表 3－14　干压陶瓷砖：细炻砖技术要求（3%＜E≤6%，BⅡa 类）

技术要求					
尺寸和表面质量		产品表面积 S(cm²)			
		S≤90	90＜S≤190	190＜S≤410	S＞410
长度和宽度	每块砖(2 条或 4 条边)的平均尺寸相对于工作尺寸 W 的允许偏差(%)	±1.2	±1.0	±0.75	±0.6
	每块砖(2 条或 4 条边)的平均尺寸相对于 10 块砖(20 条或 40 条边)平均尺寸的允许偏差(%)	±0.75	±0.5	±0.5	±0.5
	制造商应选用以下尺寸： (1)模数砖名义尺寸连接宽度允许在 2～5 mm 之间[①]。 (2)非模数砖工作尺寸与名义尺寸之间的偏差在±2%之间，最大 5 mm				
厚度 (1)厚度由制造商确定。 (2)每块砖厚度的平均值相对于工作尺寸厚度的允许偏差(%)		±10	±10	±5	±5
边直度[②](正面) 相对于工作尺寸的最大允许偏差(%)		±0.75	±0.5	±0.5	±0.5
直角度[②] 相对于工作尺寸的最大允许偏差(%)		±1.0	±0.6	±0.6	±0.6
表面平整度最大允许偏差(%)	相对于由工作尺寸计算的对角线的中心弯曲度	±1.0	±0.5	±0.5	±0.5
	相对于工作尺寸的边弯曲度	±1.0	±0.5	±0.5	±0.5
	相对于由工作尺寸计算的对角线的翘曲度	±1.0	±0.5	±0.5	±0.5
表面质量[③]		至少 95%的砖其主要区域无明显缺陷			
物理性能		要求			
吸水率，质量分数		3%＜E≤6%，单个最大值≤6.5%			
破坏强度(N)	厚度≥7.5 mm	≥1 000			
	厚度＜7.5 mm	≥600			

续上表

<table>
<tr><th colspan="3">技术要求</th></tr>
<tr><th colspan="2">物理性能</th><th>要求</th></tr>
<tr><td colspan="2">断裂模数(MPa)
不适用于破坏强度大于或等于 3 000 N 的砖</td><td>平均值≥22,单个最小值≥20</td></tr>
<tr><td rowspan="2">耐磨性</td><td>无釉地砖耐磨损体积(mm^3)</td><td>≤345</td></tr>
<tr><td>有釉地砖表面耐磨性</td><td>报告陶瓷砖耐磨性级别和转数</td></tr>
<tr><td colspan="2">线性热膨胀系数④
从环境温度到 100℃</td><td>见表 3－18</td></tr>
<tr><td colspan="2">抗热震性</td><td>见表 3－18</td></tr>
<tr><td colspan="2">有釉砖抗釉裂性⑤</td><td>经试验应无釉裂</td></tr>
<tr><td colspan="2">抗冻性</td><td>经试验应无裂纹或剥落</td></tr>
<tr><td colspan="2">地砖摩擦系数</td><td>制造商应报告陶瓷地砖的摩擦系数和试验方法</td></tr>
<tr><td colspan="2">湿膨胀④(mm/m)</td><td>见表 3－18</td></tr>
<tr><td colspan="2">小色差④</td><td>见表 3－18</td></tr>
<tr><td colspan="2">抗冲击性④</td><td>见表 3－18</td></tr>
<tr><th colspan="2">化学性能</th><th>要求</th></tr>
<tr><td rowspan="2">耐污染性</td><td>有釉砖</td><td>最低 3 级</td></tr>
<tr><td>无釉砖④</td><td>见表 3－18</td></tr>
<tr><td rowspan="3">抗化学腐蚀性</td><td>耐低浓度酸和碱
(1)有釉砖；
(2)无釉砖⑥</td><td>制造商应报告耐化学腐蚀性等级</td></tr>
<tr><td>耐高浓度酸和碱④</td><td>见表 3－18</td></tr>
<tr><td>耐家庭化学试剂和游泳池盐类
(1)有釉砖；
(2)无釉砖⑥</td><td>
不低于 GB 级
不低于 UB 级</td></tr>
<tr><td colspan="2">铅和镉的熔出量④</td><td>见表 3－18</td></tr>
</table>

注：参见表 3－9 表注。

12)干压陶瓷砖(6%<E≤10%,BⅡb类)——炻质砖技术要求见表3－15。

表3－15　干压陶瓷砖:炻质砖技术要求(6%<E≤10%,BⅡb类)

<table>
<tr><td colspan="6">技术要求</td></tr>
<tr><td colspan="2" rowspan="2">尺寸和表面质量</td><td colspan="4">产品表面积S(cm^2)</td></tr>
<tr><td>S≤90</td><td>90<S≤190</td><td>190<S≤410</td><td>S>410</td></tr>
<tr><td rowspan="3">长度和宽度</td><td>每块砖(2条或4条边)的平均尺寸相对于工作尺寸W的允许偏差(%)</td><td>±1.2</td><td>±1.0</td><td>±0.75</td><td>±0.6</td></tr>
<tr><td>每块砖(2条或4条边)的平均尺寸相对于10块砖(20条或40条边)平均尺寸的允许偏差(%)</td><td>±0.75</td><td>±0.5</td><td>±0.5</td><td>±0.5</td></tr>
<tr><td colspan="5">制造商应选用以下尺寸:
(1)模数砖名义尺寸连接宽度允许在2～5 mm之间①。
(2)非模数砖工作尺寸与名义尺寸之间的偏差在±2%之间,最大5 mm</td></tr>
<tr><td colspan="2">厚度
(1)厚度由制造商确定。
(2)每块砖厚度的平均值相对于工作尺寸厚度的允许偏差(%)</td><td>±10</td><td>±10</td><td>±5</td><td>±5</td></tr>
<tr><td colspan="2">边直度②(正面)
相对于工作尺寸的最大允许偏差(%)</td><td>±0.75</td><td>±0.5</td><td>±0.5</td><td>±0.5</td></tr>
<tr><td colspan="2">直角度②
相对于工作尺寸的最大允许偏差(%)</td><td>±1.0</td><td>±0.6</td><td>±0.6</td><td>±0.6</td></tr>
<tr><td rowspan="3">表面平整度最大允许偏差(%)</td><td>相对于由工作尺寸计算的对角线的中心弯曲度</td><td>±1.0</td><td>±0.5</td><td>±0.5</td><td>±0.5</td></tr>
<tr><td>相对于工作尺寸的边弯曲度</td><td>±1.0</td><td>±0.5</td><td>±0.5</td><td>±0.5</td></tr>
<tr><td>相对于由工作尺寸计算的对角线的翘曲度</td><td>±1.0</td><td>±0.5</td><td>±0.5</td><td>±0.5</td></tr>
<tr><td colspan="2">表面质量③</td><td colspan="4">至少95%的砖其主要区域无明显缺陷</td></tr>
<tr><td colspan="2">物理性能</td><td colspan="4">要求</td></tr>
<tr><td colspan="2">吸水率,质量分数</td><td colspan="4">6%<E≤10%,单个最大值≤11%</td></tr>
</table>

续上表

技术要求		
物理性能		要求
破坏强度(N)	厚度≥7.5 mm	≥800
	厚度≥7.5 mm	≥600
断裂模数(MPa) 不适用于破坏强度大于或等于 3 000 N 的砖		平均值≥18,单个最小值≥16
耐磨性	无釉地砖耐磨损体积(mm^3)	≤540
	有釉地砖表面耐磨性	报告陶瓷砖耐磨性级别和转数
线性热膨胀系数④ 从环境温度到 100℃		见表 3－18
抗热震性		见表 3－18
有釉砖抗釉裂性⑤		经试验应无釉裂
抗冻性		经试验应无裂纹或剥落
地砖摩擦系数		制造商应报告陶瓷地砖的摩擦系数和试验方法
湿膨胀④(mm/m)		见表 3－18
小色差④		见表 3－18
抗冲击性④		见表 3－18
化学性能		要求
耐污染性	有釉砖	最低 3 级
	无釉砖④	见表 3－18
抗化学腐蚀性	耐低浓度酸和碱 (1)有釉砖; (2)无釉砖⑥	制造商应报告耐化学腐蚀性等级
	耐高浓度酸和碱④	见表 3－18

续上表

技术要求		
化学性能		要求
抗化学腐蚀性	耐家庭化学试剂和游泳池盐类 (1)有釉砖； (2)无釉砖[6]	 不低于 GB 级 不低于 UB 级
铅和镉的熔出量[4]		见表 3－18

注:参见表 3－9 表注。

13)干压陶瓷砖($E>10\%$,BⅢ类)——陶质砖技术要求见表 3－16。

表 3－16　干压陶瓷砖:陶质砖技术要求($E>10\%$,BⅢ类)

技术要求			
尺寸和表面质量		无间隔凸缘	有间隔凸缘
长度 l 和宽度 ω	每块砖(2 条或 4 条边)的平均尺寸相对于工作尺寸 W 的允许偏差[6](%)	$l\leqslant12$ cm,±0.75% $l>12$ cm,±0.50%	+0.6% −0.3%
	每块砖(2 条或 4 条边)的平均尺寸相对于 10 块砖(20 条或 40 条边)平均尺寸的允许偏差[6](%)	$l\leqslant12$ cm,±0.5% $l>12$ cm,±0.3%	±0.25%
	制造商应选用以下尺寸。 (1)模数砖名义尺寸连接宽度允许在 1.5～5 mm 之间[1]。 (2)非模数砖工作尺寸与名义尺寸之间的偏差不大于 2 mm		
厚度 (1)厚度由制造商确定。 (2)每块砖厚度的平均值相对于工作尺寸厚度的允许偏差(%)		±10	±10
边直度[2](正面) 相对于工作尺寸的最大允许偏差(%)		±0.3	±0.3
直角度[2] 相对于工作尺寸的最大允许偏差(%)		±0.5	0.3

续上表

<table>
<tr><th colspan="4">技术要求</th></tr>
<tr><td colspan="2">尺寸和表面质量</td><td>无间隔凸缘</td><td>有间隔凸缘</td></tr>
<tr><td rowspan="3">表面平整度最大允许偏差(%)</td><td>相对于由工作尺寸计算的对角线的中心弯曲度</td><td>+0.5
−0.3</td><td>+0.5
−0.3</td></tr>
<tr><td>相对于工作尺寸的边弯曲度</td><td>+0.5
−0.3</td><td>+0.5
−0.3</td></tr>
<tr><td>相对于由工作尺寸计算的对角线的翘曲度</td><td>±0.5</td><td>±0.5</td></tr>
<tr><td colspan="2">表面质量[3]</td><td colspan="2">至少95%的砖其主要区域无明显缺陷</td></tr>
<tr><td colspan="2">物理性能</td><td colspan="2">要求</td></tr>
<tr><td colspan="2">吸水率,质量分数</td><td colspan="2">平均值>10%,单个最小值>9%。当平均值>20%时,制造商应说明</td></tr>
<tr><td rowspan="2">破坏强度[7](N)</td><td>厚度≥7.5 mm</td><td colspan="2">≥600</td></tr>
<tr><td>厚度<7.5 mm</td><td colspan="2">≥350</td></tr>
<tr><td colspan="2">断裂模数(MPa)
不适用于破坏强度大于或等于3 000 N的砖</td><td colspan="2">平均值≥15,
单个最小值≥12</td></tr>
<tr><td colspan="2">耐磨性
有釉地砖表面耐磨性</td><td colspan="2">经试验后报告陶瓷砖耐磨性级别和转数</td></tr>
<tr><td colspan="2">线性热膨胀系数[4]
从环境温度到100℃</td><td colspan="2">见表3−18</td></tr>
<tr><td colspan="2">抗热震性</td><td colspan="2">见表3−18</td></tr>
<tr><td colspan="2">有釉砖抗釉裂性[5]</td><td colspan="2">经试验应无釉裂</td></tr>
<tr><td colspan="2">抗冻性[4]</td><td colspan="2">见表3−18</td></tr>
<tr><td colspan="2">地砖摩擦系数</td><td colspan="2">制造商应报告陶瓷砖摩擦系数和试验方法</td></tr>
</table>

续上表

技术要求		
物理性能		要求
湿膨胀[4](mm/m)		见表 3－18
小色差[4]		见表 3－18
抗冲击性[4]		见表 3－18
化学性能		要求
耐污染性	有釉砖	最低 3 级
	无釉砖[4]	见表 3－18
抗化学腐蚀性	耐低浓度酸和碱	制造商应报告陶瓷砖耐化学腐蚀性等级
	耐高浓度酸和碱[4]	见表 3－18
	耐家庭化学试剂和游泳池盐类	不低于 GB 级
铅和镉的熔出量		见表 3－18

①以非公制尺寸为基础的习惯用法也可用在同类型砖的连接宽度上。

②不适用于有弯曲形状的砖。

③在烧成过程中，产品与标准板之间的微小色差是难免的。本条款不适用于在砖的表面有意制造的色差(表面可能是有釉的、无釉的或部分有釉的)或在砖的部分区域内为了突出产品的特点而希望的色差。用于装饰目的的斑点或色斑不能看作为缺陷。

④表中所列“见表 3－18”涉及项目不是所有产品都必检的，是否有必要对这些项目进行检验应按表 3－18的规定确定。

⑤制造商对于为装饰效果而产生的裂纹应加以说明，这种情况下，《陶瓷砖试验方法 第 11 部分：有釉砖抗釉裂性的测定》(GB/T 3810.11—2006)规定的釉裂试验不适用。

⑥砖可以有一条或几条上釉边。

⑦制造商必须说明对于破坏强度小于 400 N 的砖只能用于贴墙。

14)有釉地砖耐磨性分级见表 3－17。

表 3－17 有釉地砖耐磨性分级

项目	内 容
0 级	该级有釉砖不适用于铺贴地面
1 级	该级有釉砖适用于柔软的鞋袜或不带有划痕灰尘的光脚使用的地面(例如：没有直接通向室外通道的卫生间或卧室使用的地面)
2 级	该级有釉砖适用于柔软的鞋袜或普通鞋袜使用的地面。大多数情况下，偶尔有少量划痕灰尘(例如：家中起居室，但不包括厨房、入口处和其他有较多来往的房间)，该等级的砖不能用特殊的鞋，例如带平头钉的鞋

续上表

项目	内　容
3 级	该级有釉砖适用于平常的鞋袜、带有少量划痕灰尘的地面(例如:家庭的厨房、客厅、走廊、阳台、凉廊和平台),该等级的砖不能用特殊的鞋,例如带平头钉的鞋
4 级	该级有釉砖适用于有划痕灰尘、来往行人频繁的地面,使用条件比 3 类地砖恶劣(例如:入口处、饭店的厨房、旅店、展览馆和商店等)
5 级	该级有釉砖适用于行人来往非常频繁并能经受划痕灰尘的地面,甚至于使用环境较恶劣的场所(例如:商务中心、机场大厅、旅馆门厅、公共过道和工业应用场所等公共场所)
其他	一般情况下,所给的使用分类是有效的,考虑到所穿的鞋袜、交通的类型和清洁方式,建筑物的地板清洁装置在进口处可适当地防止划痕灰尘进入。 在交通繁忙和灰尘大的场所,可以使用吸水率 $E\leqslant 3\%$ 中无釉方型地砖

15)陶瓷砖实验方法标准见表 3－18。

表 3－18　陶瓷砖实验方法标准

序号	标准号	标准名称	标准要求试验方法
1	GB/T 3810.5	用恢复系数确定砖的抗冲击性	该试验使用在对抗冲击性有特别要求的场所。一般轻负荷场所要求的恢复系数是 0.55,重负荷场所则要求更高的恢复系数
2	GB/T 3810.8	线性热膨胀的测定	大多数陶瓷砖都有微小的线性热膨胀,若陶瓷砖安装在有高热变性的情况下应进行该项试验
3	GB/T 3810.9	抗热震性的测定	所有陶瓷砖都具有耐高温性,凡是有可能经受热震应力的陶瓷砖都应进行该项实验
4	GB/T 3810.10	湿膨胀的测定	大多数有釉砖和无釉砖都有微小的自然湿膨胀,当正确铺贴(或安装)时,不会引起铺贴问题。但在不规范安装和一定的湿度条件下,当湿膨胀大于 0.06%时(0.66 mm/m)就有可能出问题
5	GB/T 3810.12	抗冻性的测定	对于明示并准备用在受冻环境中的产品必须通过该项试验,一般对明示不用于受冻环境中的产品不要求该项试验
6	GB/T 3810.13	耐化学腐蚀性的测定	陶瓷砖通常都具有抗普通化学药品的性能,若准备将陶瓷砖在有可能受腐蚀的环境下使用时,应按 GB/T 3810.13 中第 4.3.2 条规定进行高浓度酸和碱的耐化学腐蚀性试验

续上表

序号	标准号	标准名称	标准要求试验方法
7	GB/T 3810.14	耐污染性的测定	该标准要求对有釉砖是强制的。对于无釉砖，若在有污染的环境下使用，建议制造商考虑耐污染性的问题
8	GB/T 3810.15	有釉砖铅和镉溶出量的测定	当有釉砖是用于加工食品的工作台或墙面且砖的釉面与食品有可能接触的场所时，则要求进行该项试验
9	GB/T 3810.16	小色差的测定	该标准只适用于在特定环境下的单色有釉砖，而且仅在认为单色有釉砖之间的小色差是重要的特定情况下采用本标准方案

(3)水泥花砖。

1)水泥花砖的型号及外形尺寸见表3－19。

表3－19　水泥花砖的型号及外形尺寸　（单位:mm）

型号	长	宽	厚
面砖(F)	200	200	12
边砖(E)	200	200	15
	200	150	
角砖(C)	200	200	18
	150	150	
墙砖(W)	200	200	12
	200	150	15

2)水泥花砖外观质量及尺寸允许误差见表3－20。

表3－20　水泥花砖外观质量及尺寸允许误差

缺陷种类		优质品	合格品	说明
外形尺寸误差(mm)，≤	长	－1.0	－2.0	—
	宽	－1.0	－2.0	—
	厚	±0.5	±0.8	—
面层最小厚度(mm)，≥		2.0	1.6	W型不作规定
表面平整度(mm)，≤	平度	0.3	0.5	用于F、E、C型
		0.5	1.0	用于W型
	角度	0.3	0.5	用于F、E、C型
		0.5	1.0	用于W型

续上表

缺陷种类		优质品	合格品	说明
缺棱	正面	长×宽≤5×2，不多于二处	长×宽≤10×2，不多于二处	—
	反面	长×宽≤10×2，不多于二处，其深度不大于厚度的四分之一	长×宽≤20×3，不多于二处，其深度不大于厚度的三分之一	
掉角	正面	长×宽≤3×2，不多于一处	长×宽≤4×3，不多于二处	
	反面	长×宽≤6×2，不多于一处	长×宽≤10×3，不多于一处	
裂缝和砖面露底		不允许	不允许	—
麻面、污迹、越线、色差和图案偏差		应符合现行国家标准《水泥花砖》(JC 410—1991)(1996)有关规定		—

3)水泥花砖的抗折荷载见表3－21。

表3－21　水泥花砖的抗折荷载

品种	厚(mm)	优质品		合格品	
		平均值(N)	单块最小值(N)	平均值(N)	单块最小值(N)
面砖、边砖、角砖	12,15,18	1000	850	850	700
墙砖	12,15	800	700	600	500

4)水泥花砖的抗折强度见表3－22。

表3－22　水泥花砖的抗折强度

品种	厚(mm)	优质品		合格品	
		平均值(MPa)	单块最小值(MPa)	平均值(MPa)	单块最小值(MPa)
面砖、边砖、角砖	12	8.5	7.1	7.1	5.8
	15	5.5	4.5	4.5	3.7
	18	3.3	3.2	3.2	2.6
墙砖	12	6.7	5.8	5.0	4.2
	15	4.3	3.7	3.2	2.7

三、施工机械要求

施工机具设备基本要求见表3－23。

表3－23　施工机具设备基本要求

项目	内　容
主要机具	砂浆拌和机、垂直运输机、座式切割机、手提切割机，小型砂轮、手电钻等
设备要求	应根据施工组织设计或专项施工方案的要求选用满足施工需要的、噪声低、能耗低的搅拌机、电锯等机械设备
设备保养	机械设备要定期维修和保养，使其处于良好状态。维修时要使用接油盘、防止废油污染土地和地下水
设施要求	封闭式搅拌机棚、废水沉淀池
施工机具设备	铁板、铁锹、铁桶、铁勺、灰桶、喷水壶、尺条子、木抹子、铁抹子、钢皮开刀、胶管、扫帚、擦布，尼龙线、钢尺、木锤、水平尺、方尺、棉砂、喷灯、浇注壶、台秤、温度计、钢卷尺、橡皮锤、木拍板、毛刷、铁锅等

四、施工工艺解析

(1)砖面层施工见表3－24。

表3－24　砖面层施工

项目	内　容
基层处理	将混凝土基层上的杂物清理掉，用钢丝刷刷净浮浆层。如基层有油污时，应清洗干净
找标高、弹线	根据墙上的＋500 mm水平标高线，往下量测出面层标高，并弹在墙上
抹找平层砂浆	(1)刷素水泥浆一道：在清理好的基层上，浇水洇透，撒素水泥面用扫帚扫匀。扫浆面积大小应根据打底铺灰速度决定，应随扫浆随铺灰。 (2)冲筋：从已弹好的面层水平线下量至找平层上皮的标高(面层标高减去砖厚及黏结层的厚度)，抹灰饼，从房间一侧开始，每隔1.5 m左右冲筋一道。有地漏的房间，应由四周向地漏方向放射状抹标筋，并找好坡度。冲筋应使用干硬性砂浆，厚度不宜小于20 mm。 (3)装档(即在标筋间装铺水泥砂浆)：用1∶4水泥砂浆根据冲筋的标高，用小平锹或木抹子将砂浆摊平、拍实，小杠刮平，使其铺设的砂浆与标筋找平，并用大木杠横竖检查其平整度，同时检查其标高和泛水坡度是否正确，用木抹子搓平，24 h后浇水养护
弹铺砖控制线	当找平层砂浆抗压强度达到1.2 MPa时，开始上人弹砖的控制线。在房间分中，从纵、横两个方向排好尺寸，缝宽以不大于10 mm为宜，当尺寸不足整砖模数时可裁割用于边角处，尺寸相差较小时，可调整缝宽，根据已确定的砖数和缝宽，在地面上弹纵横控制线(每隔4块砖弹一根控制线)，并严格控制好方正

续上表

项目	内　容
铺砖	为了找好位置和标高，应从门口开始，纵向先铺2～3行砖，以此为标筋拉纵横水平标高线，铺时应从里向外退着操作，人不得踏在刚铺好的砖面上，每块砖应跟线。具体操作程序如下： (1)铺砌前将砖板块放入水桶中浸水湿润，晾干后表面无明水时，方可使用。 (2)找平层上洒水湿润，均匀涂刷素水泥浆（水灰比为0.4～0.5），涂刷面积不要过大，铺多少刷多少。 (3)砖的背面朝上，抹黏结砂浆，其配合比不小于1：2.5，厚度不小于10 mm，因砂浆强度高，硬结快，应随拌随用，防止砂浆存放时间较长，影响砂浆的黏结。 (4)将抹好灰的砖，铺贴到刷好水泥浆的底灰上，砖上楞应跟线找正找直。用木板垫好，橡皮锤拍实。 (5)拨缝、修整：将已铺好的砖块，拉线修整拨缝，将缝找直，并将缝内多余的砂浆扫出，将砖拍实，如有坏砖应及时更换
勾缝	用1：1水泥细砂浆勾缝，缝内深度宜为砖厚的1/4～1/3，要求缝内砂浆密实、平整、光滑。随勾将剩余水泥砂浆清走、擦净。如设计要求不留缝隙，则要求接缝平直，在铺实修整好的砖面层上撒水泥干面，用水壶喷水。用扫帚将水泥浆扫入缝内将其灌满浆，并随之用拍板拍振，使浆铺满振实，最后用干锯末扫净
铺贴陶瓷锦砖	(1)铺贴陶瓷锦砖时，在“硬底”找平层上洒水湿润后刮一道2～3 mm厚水泥浆，在“软底”上应浇水泥浆，用刷子刷均匀，随贴随刷。 (2)铺1：3水泥砂浆结合层20 mm厚，在水泥浆尚未初凝时即铺陶瓷锦砖，从里向外沿控制线进行。铺时先翻起一边纸。露出锦砖以便对正控制线，对好后立即将陶瓷锦砖铺上（纸面朝上）紧跟着纸面铺平，用拍板拍实，使水泥浆进入锦砖的缝内直至纸面上翻出砖缝时为止。 (3)整个房间铺好后，在锦砖上铺板，人站在垫板上修理四周的边角，并将锦砖地面与其他地面门口接槎处修好，保证接槎平直。 (4)刷水、揭纸：铺完后紧接着在纸面上均匀地刷水。常温下15～30 min，纸湿透即可揭纸，并及时将纸毛清理干净。 (5)拨缝：揭纸后，及时检查缝子是否均匀，缝子不顺不直时，用小靠尺比着拿开刀轻轻地拨顺、调直并将其调整后的锦砖垫木板用捶子敲垫板拍实，同时检查有无脱落，并及时将缺少的锦砖粘贴补齐。地漏、管口等处周围的锦砖要预先试铺进行切割，要做到锦砖与管口镶嵌吻合。 (6)灌缝：拨缝后的第二天（或水泥浆结合层终凝后），用水泥浆擦缝，操作时用棉丝蘸水泥浆从里到外沿缝揉擦、擦严、擦实为止，并及时将锦砖表面的余灰清理干净，防止对地面的污染。陶瓷锦砖面层宜整间镶铺，连续操作。应在水泥浆结合层终凝前完成拨缝。如果房间过大，一次不能铺完，需将接槎切齐，余灰清理干净
养护	地砖铺完48 h、陶瓷锦砖铺完24 h后，浇水养护并进行覆盖，时间不应少于7 d。铺地砖时，最好一次铺设一间或一个部位，接槎应放在门口的裁口处

续上表

项目	内　　容
镶贴踢脚板	踢脚板用砖，一般采用与地面砖材同品种、同规格、同颜色的材料，踢脚板的立缝应与地面缝对齐，铺设时应在房间墙面两头阴角处各镶贴一块砖，出墙厚度和高度应符合设计要求，以此砖上楞为标准挂线，开始粘贴，砖背面朝上抹黏结砂浆（配合比为 1：2 水泥砂浆），使砂浆粘满整块砖为宜，及时粘贴在墙上，砖上楞要跟线并立即拍实，随之将挤出的砂浆刮掉，将面层清擦干净（在黏贴前，砖块材要浸水晾干，墙面刷水湿润）
冬期施工	室内操作温度不低于＋5℃。室外操作时，应按气温的变化掺防冻剂，但必须经试验室试验后才能使用

（2）砖面层的成品保护及应注意的质量问题见表 3－25。

表 3－25　砖面层的成品保护及应注意的质量问题

项目	内　　容
成品保护	（1）在铺砌板块操作过程中，对已安装好的门框、管道都要做好成品保护，如门框钉保护铁皮，手推车采用窄车，手推车底部用橡皮包裹等。 （2）切割地砖时，不得在刚铺砌好的砖面层上操作。 （3）陶瓷锦砖面层在养护过程中，应进行遮盖和围挡，保持湿润，避免损坏。 （4）做油漆、浆活时不得污染地面
应注意的质量问题	（1）地面标高错误多出现在厕所、浴室、盥洗室等，超出设计标高，原因是楼面标高超高、防水层过厚、黏结层砂浆过厚等。施工时应对楼面标高认真核对，应严格控制每道工序的施工厚度，防止超高。 （2）地面倒坡积水，有泛水要求的房间找平层施工时，必须按设计要求的泛水方向，找好坡度，防止出现倒坡、积水现象。 （3）地面铺砖不平，出现高低差是因为砖的厚度不一，没有严格挑选，或砖不平劈楞窜角或黏结层过厚，上人太早。为解决此问题，首先应选砖，不合规格、不标准的砖不用，铺砖时要拍实，铺好地面后封闭门口，常温 48 h 用锯末养护。 （4）板块空鼓的原因是基层清理不净、洒水湿润不透、砖未浸水、早期脱水；上人过早，黏结砂浆未达到强度受外力振动，影响黏结强度，形成空鼓。解决办法：认真清理，严格检查，注意上人时间，加强养护。 踢脚板空鼓原因：墙面基层清理不净，尚有余灰没有刷干净，影响黏结形成空鼓；浇水不透，形成早期脱水，粘贴踢脚板时砂浆没有抹到边，造成边角空鼓。解决办法：加强基层清理浇水，黏结踢脚时做到满铺满挤。 （5）踢脚板出墙厚度不一致是由于墙体抹灰垂直度、平整度超出允许偏差，踢脚板镶贴时按水平线控制，所以出墙厚度不一致。因此在镶贴前，先检查墙面平整度，进行处理后再进行镶贴。 （6）板块表面不洁净主要是做完面层之后，成品保护不够，油漆桶放在地砖上、在地砖上拌和砂浆、刷浆时不覆盖等，都造成面层被污染。 （7）踢脚板出墙厚度不一致是由于墙体抹灰垂直度、平整度超出允许偏差，踢脚板镶贴时按水平线控制，所以出墙厚度不一致。因此在镶贴前，先检查墙面平整度，进行处理后再进行镶贴。

续上表

项目	内　容
应注意的质量问题	(8)板块表面不洁净主要是做完面层之后，成品保护不够，油漆桶放在地砖上、在地砖上拌和砂浆、刷浆时不覆盖等，都造成面层被污染。 (9)黑边，不足整块砖时，不切割半块砖铺贴，和砂浆补边，形成黑边，影响观感。解决办法，按规矩切割边条补贴。 (10)板缝不直不均，操作前应挑选陶瓷锦砖，长宽相同，整张锦砖用于同一房间。拨缝时分格缝拉通线，将超线的砖拨顺直

第二节　大理石面层和花岗石面层

一、验收条文

大理石面层和花岗石面层施工质量验收标准见表3－26。

表3－26　大理石面层和花岗石面层施工质量验收标准

项目	内　容
主控项目	(1)大理石、花岗石面层所用板块产品应符合设计要求和国家现行有关标准的规定。 检验方法：观察检查和检查质量合格证明文件。 检查数量：同一工程、同一材料、同一生产厂家、同一型号、同一规格、同一批号检查一次。 (2)大理石、花岗石面层所用板块产品进入施工现场时，应有放射性限量合格的检测报告。 检验方法：检查检测报告。 检查数量：同一工程、同一材料、同一生产厂家、同一型号、同一规格、同一批号检查一次。 (3)面层与下一层应结合牢固，无空鼓(单块板块边角允许有局部空鼓，但每自然间或标准间的空鼓板块不应超过总数的5%)。 检验方法：用小锤轻击检查。 检查数量：按《建筑地面工程施工质量验收规范》(GB 50209—2010)中第3.0.21条规定的检验批检查
一般项目	(1)大理石、花岗石面层铺设前，板块的背面和侧面应进行防碱处理。 检验方法：观察检查和检查施工记录。 检查数量：按《建筑地面工程施工质量验收规范》(GB 50209—2010)中第3.0.21条规定的检验批检查。 (2)大理石、花岗石面层的表面应洁净、平整、无磨痕，且应图案清晰，色泽一致，接缝均匀，周边顺直，镶嵌正确，板块应无裂纹、掉角、缺棱等缺陷。 检验方法：观察检查。 检查数量：按《建筑地面工程施工质量验收规范》(GB 50209—2010)中第3.0.21条规定的检验批检查。 (3)踢脚线表面应洁净，与柱、墙面的结合应牢固。踢脚线高度及出柱、墙厚度应符合设计要求，且均匀一致。 检验方法：观察和用小锤轻击及钢尺检查。

续上表

项目	内　容
一般项目	检查数量：按《建筑地面工程施工质量验收规范》(GB 50209—2010)中第3.0.21条规定的检验批检查。 (4)楼梯、台阶踏步的宽度、高度应符合设计要求。踏步板块的缝隙宽度应一致；楼层梯段相邻踏步高度差不应大于10 mm；每踏步两端宽度差不应大于10 mm，旋转楼梯梯段的每踏步两端宽度的允许偏差不应大于5 mm。踏步面层应做防滑处理，齿角应整齐，防滑条应顺直、牢固。 检验方法：观察和用钢尺检查。 检查数量：按《建筑地面工程施工质量验收规范》(GB 50209—2010)中第3.0.21条规定的检验批检查。 (5)面层表面的坡度应符合设计要求，不倒泛水、无积水；与地漏、管道结合处应严密牢固，无渗漏。 检验方法：观察、泼水或用坡度尺及蓄水检查。 检查数量：按《建筑地面工程施工质量验收规范》(GB 50209—2010)中第3.0.21条规定的检验批检查 (6)大理石面层和花岗石面层(或碎拼大理石面层、碎拼花岗石面层)的允许偏差应符合表3－1的规定。 检验方法：按表3－1中的检验方法检验。 检查数量：按《建筑地面工程施工质量验收规范》(GB 50209—2010)中第3.0.21条规定的检验批和第3.0.21条规定的检验

二、施工材料要求

(1)大理石面层和花岗石面层材料选用的基本要求见表3－27。

表3－27　大理石面层和花岗石面层材料选用的基本要求

项目	内　容
体现我国经济技术政策	建筑地面施工应体现我国的经济技术政策，在符合设计要求和满足使用功能的条件下，应充分采用地方材料，合理利用、推广工业废料，优先选用国产材料，尽量节约资源性原材料，做到技术先进、经济合理、控制污染、卫生环保、确保质量、安全适用
符合规定	建筑地面各构造层所采用的原材料、半成品的品种、规格、性能等，应按设计要求选用，除应符合施工规范外，尚应符合现行国家、行业和有关产品材料标准和相关环境管理的规定
进场材料	进场材料应有中文质量合格证书、产品性能检测报告、相应的环境保护参数，对重要材料应有复验报告，并经监理部门检查确认合格后方可使用，以控制材料质量和环境因素

续上表

项目	内 容
建材产品的选用	铺设板块面层、木竹面层所采用的胶黏剂、沥青胶结料和涂料等建材产品应按设计要求选用，并应符合现行国家标准《民用建筑工程室内环境污染控制规范》(GB 50325—2010)的规定，以控制对人体直接的危害
胶黏剂等建材产品的选用	采用胶黏剂(无特别注明时，均为水性胶黏剂，下同)粘贴塑料板面层、拼花木板面层时，其环境温度不应低于10℃，I类民用建筑工程室内装修粘贴塑料地板时不应选用溶剂型胶黏剂，尽量减少有毒有害气体对大气的污染，低于10℃时应采取临时供暖措施

(2)大理石面层和花岗石的主要区别见表3－28。

表3－28 大理石面层和花岗石的主要区别

项 目		花 岗 石	大 理 石
别称		麻石	云石
岩石类别		岩浆岩(也称火成岩)	变质岩
主要矿物质成分		石英、长石、云母	方解石、白云石
主要化学成分		SiO_2	CaO、MgO、$CaCO_3$
外观		花纹小而均匀，常有均匀分布的小黑点，磨光面光亮如镜	花纹大而无规则，磨光面光亮度不如花岗石
莫氏硬度		6～7	3～4
强度(MPa)		120～300	50～190
抗风化性		强	弱，主要由空气中 SO_2 引起
耐腐蚀性		强，耐酸碱	弱，遇酸分解
耐磨性		好	一般
放射性		高，少数不合格	低，极少数不合格
主要装饰部位		用于室内外柱、墙面、地面、台面均可	除汉白玉、艾叶青可用于室外，其他品种一般用于室内柱、墙面、地面
执行标准		《天然花岗石建筑板材》(GB/T 18601—2009)	《天然大理石建筑板材》(GB/T 19766—2005)
标准中的主要规定	镜面光泽度	≥75	≥40
	干燥压缩强度(MPa)	≥60	≥20
	弯曲强度(MPa)	≥8	≥7
	密度(g/cm^3)	≥2.5	≥2.6
	吸水率(%)	≤1.0	≤0.75

(3)天然大理石

1)天然大理石规格尺寸允许偏差，应符合表3－29的规定。

表3－29　天然大理石规格尺寸允许偏差　　（单位：mm）

项目		优等品	一等品	合格品
长度		0	0	0
宽度		－1.0	－1.0	－1.5
厚度	≤12	±0.5	±0.8	±1.0
	>12	±1.0	±1.5	±2.0
干挂板材厚度		+2.0,0		+3.0,0

2)天然大理石平面度允许偏差，应符合表3－30的规定。

表3－30　天然大理石平面度允许偏差　　（单位：mm）

板材长度(L)	优等品	一等品	合格品
≤400	0.20	0.30	0.50
400<L≤800	0.50	0.60	0.80
>800	0.70	0.80	1.00

3)天然大理石角度允许偏差，应符合表3－31的规定。

表3－31　天然大理石角度允许偏差　　（单位：mm）

板材长度	优等品	一等品	合格品
≤400	0.30	0.40	0.50
>400	0.40	0.50	0.70

4)大理石板材正面的外观缺陷的质量要求应符合表3－32的规定。

表3－32　大理石板材正面的外观缺陷

缺陷名称	规定内容	优等品	一等品	合格品
裂纹	长度超过10 mm的不允许条数(条)	0	0	0
缺棱	长度不超过8 mm，宽度不超过1.5 mm(长度≤4 mm，宽度≤1 mm不计)，每米长允许个数(个)	0	1	2
缺角	沿板材边长顺延方向，长度≤3 mm，宽度≤3 mm(长度≤2 mm，宽度≤2 mm不计)，每块板允许个数(个)	0	1	2
色斑	面积不超过6 cm^2(面积小于2 cm^2不计)，每块板允许个数(个)	0	1	2
砂眼	直径在2 mm以下	0	不明显	有，不影响装饰效果

5)大理石板材物理性能指标应符合表 3－33 的规定。

表 3－33　大理石板材物理性能指标

项　　目		指标
体积密度(g/m^3)		≥2.30
吸水率(%)		≤0.50
干燥压缩强度(MPa)		≥50.00
干燥	弯曲强度(MPa)	≥7.00
水饱和		
耐磨度①($1/cm^3$)		≥10.00

①为了颜色和设计效果，以两块或多块大理石组合拼接时，耐磨度差异应不大于 5，建议适用于经受严重踩踏的阶梯、地面和月台使用的石材耐磨度最小为 12。

(4)天然花岗石

1)我国部分花岗石结构特征、物理力学性能和主要化学成分分别见表 3－34～表 3－36。

表 3－34　国内部分花岗石结构特征参考表

花岗石品种名称	岩石名称	颜色	产地
白虎涧	黑云母花岗岩	粉红色	北京昌平
花岗石	花岗岩	浅灰、条纹状	山东日照
花岗石	花岗岩	红灰色	山东崂山
花岗石	花岗岩	灰白色	山东牟平
花岗石	花岗岩	粉红色	广东汕头
笔山石	花岗岩	浅灰色	福建惠安
日中石	花岗岩	灰白色	福建惠安
峰白石	黑云母花岗岩	灰色	福建惠安
厦门白石	花岗石	灰白色	福建厦门
砻石	黑云花岗岩	浅红色	福建惠安
石山红	黑云母花岗岩	暗红色	福建惠安
大黑白点	闪长花岗岩	灰白色	福建惠安

注：表列花岗石结构特征均为花岗结构。

表 3－35　国内部分花岗石物理力学性能参考表

花岗石 品种名称	密度 (g/cm^3)	抗压强度 (MPa)	抗折强度 (MPa)	肖氏硬度 (HS)	磨损量 (cm^3)
白虎涧	2.58	137.3	9.2	86.5	2.62
花岗石	2.67	202.1	15.7	90.0	8.02

续上表

花岗石品种名称	密度(g/cm³)	抗压强度(MPa)	抗折强度(MPa)	肖氏硬度(HS)	磨损量(cm³)
花岗石	2.61	212.4	18.4	99.7	2.36
花岗石	2.67	140.2	14.4	94.6	7.41
花岗石	2.58	119.2	8.9	98.5	6.38
笔山石	2.73	180.4	21.6	97.3	12.18
日中石	2.62	171.3	17.1	97.8	4.80
峰白石	2.62	195.6	23.3	103.0	7.83
厦门白石	2.61	169.8	17.1	91.2	0.31
砻石	2.61	214.2	21.5	94.1	2.93
石山红	2.68	167.0	19.2	101.5	6.57
大黑白点	2.62	103.6	16.2	87.4	7.53

表3－36　国内部分花岗石主要化学成分参考表　(%)

花岗石品种名称	SiO_2	Al_2O_3	CaO	MgO	Fe_2O_3
白虎涧	72.44	13.99	0.43	1.14	0.52
花岗石	70.54	14.34	1.53	1.14	0.88
花岗石	71.88	13.46	0.58	0.87	1.57
花岗石	66.42	17.24	2.73	1.16	0.19
花岗石	75.62	12.92	0.50	0.53	0.30
笔山石	73.12	13.69	0.95	1.01	0.62
日中石	72.62	14.05	0.20	1.20	0.37
峰白石	70.25	15.01	1.63	1.63	0.89
厦门白石	74.60	12.75	—	1.49	0.34
砻石	76.22	12.43	0.10	0.90	0.06
石山红	73.68	13.23	1.05	0.58	1.34
大黑白点	67.86	15.96	0.93	3.15	0.90

2)花岗石板材规格尺寸允许偏差，应符合表3－37的规定。

表3－37　花岗石板材规格尺寸允许偏差　(单位:mm)

项目	亚光面和细面板材			粗面板材		
	优等品	一等品	合格品	优等品	一等品	合格品
长度、宽度	0～－1.0	0～－1.0	0～－1.5	0～－1.0	0～－1.0	0～－1.5

续上表

项目		亚光面和细面板材			粗面板材		
		优等品	一等品	合格品	优等品	一等品	合格品
厚度	≤12	±0.5	±1.0	±1.0～－1.5	—	—	—
	＞12	±1.0	±1.5	±2.0	±1.0～－2.0	±2.0	±2.0～－3.0

3)花岗石板材平面度允许公差,应符合表3－38的规定。

表3－38　花岗石板材平面度允许公差　(单位:mm)

板材长度(L)	镜面和细面板材			粗面板材		
	优等品	一等品	合格品	优等品	一等品	合格品
L≤400	0.20	0.35	0.50	0.60	0.80	1.00
400＜L≤800	0.50	0.65	0.80	1.20	1.50	1.80
L＞800	0.70	0.85	1.00	1.50	1.80	2.00

4)花岗石板材角度允许偏差,应符合表3－39的规定。

表3－39　花岗石板材角度允许偏差　(单位:mm)

板材长度(L)	优等品	一等品	合格品
L≤400	0.30	0.50	0.80
L＞400	0.40	0.60	1.00

5)花岗石板材正面的外观缺陷的质量要求应符合表3－40的规定。

表3－40　花岗石板材正面的外观缺陷的质量要求

缺陷名称	规定内容	优等品	一等品	合格品
缺棱	长度不超过10 mm,宽度不超过1.2 mm(长度＜5 mm,宽度＜1 mm不计),每边每米长允许个数(个)	不允许	1	2
缺角	沿板材边长,长度≤3 mm,宽度≤3 mm(长度≤2 mm,宽度≤2 mm不计),每块板允许个数(个)	不允许	1	2
裂纹	长度不超过两端顺延至板边总长度的1/10(长度＜20 mm的不计),每块板允许条数(条)	不允许	1	2
色斑	面积不超过15 mm×30 mm(面积＜10 mm×10 mm不计),每块板允许个数(个)	不允许	2	3
色线	长度不超过两端顺延至板边总长度的1/10(长度＜40 mm的不计),每块板允许条数(条)	不允许	2	3

注:干挂板材不允许有裂纹存在。

6)花岗石板材物理性能指标应符合表3－41的规定。

表3－41 花岗石板材物理性能指标

项目		技术指标	
		一般用途	功能用途
体积密度(g/cm^3),≥		2.56	2.56
吸水率(%),≤		0.60	0.40
压缩强度(MPa),≥	干燥	100	131
	水饱和		
弯曲强度(MPa),≥	干燥	8.0	8.3
	水饱和		
耐磨性*($1/cm^3$),≥		25	25

*使用在地面、楼梯踏步、台面等严重踩踏或磨损部位的花岗石石材应检验此项。

7)花岗石建筑石材的品种和用途见表3－42。

表3－42 花岗石建筑石材的品种和用途

项目	内容
剁斧板材	经剁斧加工,表面粗糙,具有规则的条状斧纹,有较好的防滑效果,主要用于室外地面、台阶、基座等处
机刨板材	经机械加工,表面平整,有相互平行的机械刨纹,具有较好的防滑效果,主要用于室外地面、台阶、踏步、基座等处
粗磨板材	经粗磨,表面平整光滑,但无光泽,常用于墙面、柱面、台阶、基座、纪念碑、墓碑、铭牌等处
磨光板材	经磨细加工和抛光,表面光亮,晶体裸露,具有鲜明的色彩和绚丽的花纹,多用于室内、外墙、地面立柱等装饰以及纪念性碑等

8)花岗石粗磨和磨光板材常用的规格尺寸见表3－43。

表3－43 花岗石粗磨和磨光板材常用的规格尺寸 (单位:mm)

长度	宽度	厚度	长度	宽度	厚度
300	300	20	305	305	20
400	400	20	610	305	20
600	300	20	610	610	20
600	600	20	915	610	20
900	600	20	1 067	762	20
1 070	750	20			

三、施工机械要求

(1)施工机具设备基本要求见表 3－44。

表 3－44 施工机具设备基本要求

项目	内 容
常用机械	砂浆搅拌机、台钻、合金钢钻头、砂轮锯、磨石机、云石机、角磨机等
设备要求	手动式电动石材切割机或台式石材切割机、干湿切割片、手把式磨石机、手电钻
其他器具	修整用平台、木楔、灰簸箕、水平尺、2 m 靠尺、方尺、橡皮锤或木锤、小线、手推车、铁锹、浆壶、水桶、铁抹子、木抹子、墨斗、钢卷尺、尼龙线、扫帚、钢丝刷
设施要求	封闭式搅拌机棚、废水沉淀池

(2)施工机具设备见表 3－45。

表 3－45 施工机具设备

项目	内 容
石材切割机	石材切割机(图 3－3)用于切割大理石、花岗石等板材。小型切割机放置在板材粘贴现场,根据安装尺寸要求,随时切割半成品板、条料。较大型切割机,一般安放在室外,可以切割大块材料 石材切割机由电动机、传动机构、切割头(锯片)和机架等部分组成,板材固定在移动平台上,通过自动或手动,达到板材平动,完成切割
电动打蜡机	电动打蜡机(图 3－4)用于木地板、石材或锦面地板的表面打蜡。它由电机、圆盘棕刷(或其他材料)、机壳等部分组成。工作开关安装在执手柄上,使用时靠把手的倾、抬来调节转动方向。 地板打蜡分三步进行,首先是去除地板污垢,用拖布擦洗干净,干透;接着上一遍蜡,用抹布把蜡均匀涂在地板上,并让其吃透;稍干后,用打蜡机来回擦拭,直至蜡涂后均匀、光亮
手提电动石材切割机	手提电动石材切割机(图 3－5)适用于瓷片、瓷板及水磨石、大理石等板材的切割,换上砂轮锯片,可做其他材料的切割,是装饰作业的常用机具。 (1)构造:手提式切割机的构造与一般电锯基本相同。仅锯片不同,国内外均有定型产品。 (2)技术性能:国产 ZIQ12S 型切割机技术性能如下:输入功率 280 W,刀片空载转速 7 300 r/min,最大切割深度 25 mm,额定电源电压 220 V,刀片规格 ϕ125 mm,全机净重 2 kg
工具	手推车、铁锹、浆壶、水桶、喷壶、铁抹子、木抹子、刮杠、墨斗、尼龙线、橡皮锤(木锤)、钢錾子、合金钢扁錾子、钢丝刷、石材切割机等

续上表

项目	内　容
计量检测用具	靠尺、钢尺、水平尺、角尺、塞尺等
安全防护用具	口罩、护目镜、防护手套、耳塞等

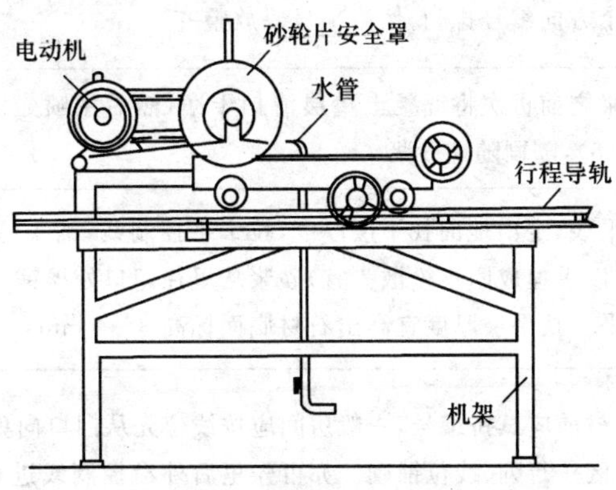

图 3－3　石材切割机

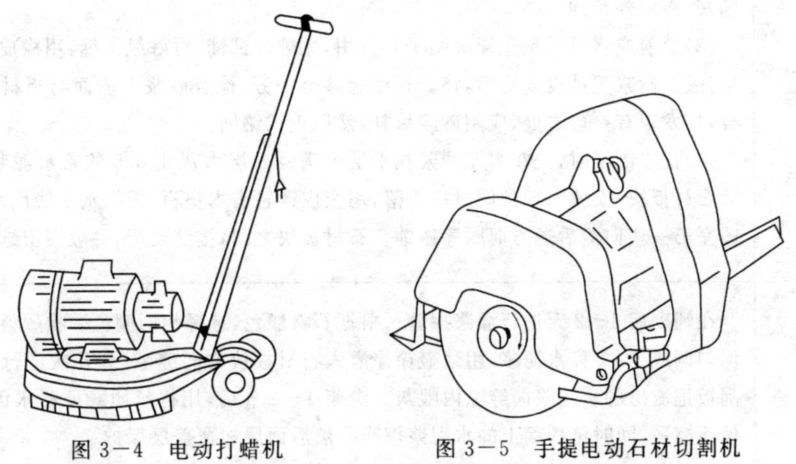

图 3－4　电动打蜡机　　图 3－5　手提电动石材切割机

四、施工工艺解析

(1)石材面层铺砌施工见表 3－46。

表 3－46　石材面层铺砌施工

项目	内　容
基层处理	将地面垫层上的杂物清净，用钢丝刷刷掉黏结在垫层上的砂浆并清扫干净
弹线	在房间的主要部位弹相互垂直的控制十字线，作为检查和控制石材板块的位置，十字线可以弹在混凝土垫层上，并引至墙面底部。并依据墙面＋500 mm 线，找出面层标高在墙上弹好水平线，注意要与楼道面层标高一致

续上表

项目	内　容
试拼	在正式铺设前，对每一房间的石材板块，应按图案、颜色、纹理试拼，另外为检验板块之间的缝隙，核对板块与墙、柱、洞口等相互位置是否符合要求，一般还要进行一次试拼。在房间相互垂直方向铺宽度大于板的砂带，厚度不小于 30 mm，然后进行试拼。试拼后按两个方向编号排列，然后编号码放整齐
刷水泥浆结合层	在铺砂浆之前再次将混凝土垫层清扫干净，然后用喷壶洒水湿润，刷一层素水泥浆(水灰比 0.5)，随刷随铺砂浆
铺砂浆	根据水平线，定出地面找平层厚度，拉十字控制线，铺 1∶3 找平层干硬性水泥砂浆。(干硬程度以手捏成团不松散为宜)砂浆从里往门口处摊铺，铺好后用大杠刮平，再用抹子拍实找平。找平层厚度宜高出石材底面标高 3～4 mm
铺石材板块	(1)铺石材前应试拼编号，一般房间应按线位先从门口向里纵铺和房中横铺数条作标准，然后分区按行列、线位铺砌。亦可先里后外沿控制线进行铺设，即先从远离门口的一边开始，按照试拼编号，依次铺砌，逐步退至门口。当室内有中间柱列时，应先将柱列铺好，再向外延伸。 (2)铺前应将板材预先浸湿阴干后备用，先进行试铺，对好纵横缝，用橡皮锤敲击木垫板，振实砂浆至铺设高度后，将石材掀起移至一旁，检查砂浆上表面与板材之间是否吻合，如发现有空虚之处，应用砂浆填补，然后正式镶铺。 (3)正式镶铺时，先在水泥沙浆找平层上满浇一层水灰比 0.5 的素水泥浆结合层，再铺石材板块，安放时四角同时往下落，用橡皮锤轻击木垫板，根据水平线用水平尺找平，铺完第一块向侧后退方向顺序镶铺。石材板块之间，接缝要严，一般不留缝隙
擦缝	在铺砌后 1～2 天进行灌浆擦缝。根据石材颜色，选择相同颜色矿物颜料和水泥拌和均匀调成 1∶1 稀水泥浆，用浆壶徐徐灌入石材板块之间缝隙(分几次进行)，并用长把刮板把流出的水泥浆向缝隙内喂灰。灌浆 1～2 h 后，用棉丝团蘸原稀水泥浆擦缝，与板面擦平，同时将板面上的水泥浆擦净。然后面层加覆盖层保护
打蜡	当结合层水泥砂浆达到强度，各工序完工不再上人时方可打蜡，达到光滑洁净。打蜡时按以下操作要点进行： (1)清洗干净后的石材地面，经晾干擦净。 (2)用干净的布或麻丝沾稀糊状的成蜡，均匀涂在石材面上，用磨石机压磨，擦打第一遍蜡。 (3)上述同样方法涂第二遍蜡，要求光亮，颜色一致。 (4)踢脚板人工涂蜡，擦打两遍出光成活
冬期施工	原材料和操作环境温度不得低于＋5℃，不得使用有冻块的砂子，板块表面不得有结冰现象，如室内无取暖及保温措施时不得施工

(2)贴石材踢脚板施工见表3－47。

表3－47　贴石材踢脚板施工

项目	内　容
粘贴法	(1)根据墙面抹灰厚度吊线确定踢脚板出墙厚度,一般8～10 mm。踢脚板之间的缝宜与石材地面对缝镶贴。 (2)用1∶3水泥砂浆打底找平并在表面划纹。 (3)找平层砂浆干硬后,拉踢脚板上口的水平线,在湿润阴干的石材踢脚板的背面,刮抹一层2～3 mm厚的素水泥浆后,往底灰上粘贴,用木锤敲实并根据水平线找直。 (4)24 h后用同色水泥浆擦缝,并将余浆擦净。 (5)与地面石材同时打蜡
灌浆法	(1)根据墙面抹灰厚度吊线确定踢脚板出墙厚度,一般8～10 mm。踢脚板之间的缝宜与石材地面对缝镶贴。 (2)墙两端各安装一块踢脚板,其上楞高度在同一水平线内,出墙厚度一致。然后沿一块踢脚板上楞拉通线,逐块依顺序安装,随时检查踢脚板的水平度和垂直度。相邻两块之间及踢脚板与墙面、地面之间用石膏稳牢。 (3)灌入1∶2水泥砂浆,并随时把溢出的砂浆擦干净,待灌入的水泥砂浆终凝后,把石膏铲掉。 (4)棉丝团蘸与石材踢脚板同颜色的稀水泥浆擦缝。 (5)踢脚板的面层打蜡同地面一起进行

(3)碎拼石材面层施工见表3－48。

表3－48　碎拼石材面层施工

项目	内　容
基层处理	根据设计要求的颜色、规格,挑选碎块石材,有裂缝的石材应剔出
弹线	根据设计要求的图案,结合房间尺寸,在基层上弹线并找出面层标高,然后进行试拼,确定缝隙的大小。
基层清理	基层清理干净后,洒水湿润,扫水泥素浆
铺砂浆	拉水平线铺砂浆找平层,采用1∶3干硬性水泥砂浆,铺好后用大杠刮平,用木抹子抹平
铺砌碎块石材	根据图纸和试拼的缝隙铺砌碎块石材
灌缝	铺砌1～2昼夜后进行灌缝,根据设计要求,如果需灌水泥砂浆时,厚度与碎块石材上面平,并将其表面找平压光。如果需填水泥石渣浆并磨光时,浆面比碎块石材上面高出2 mm厚。洒水养护不少于7 d
磨光打蜡	养护后要进行磨光打蜡,共磨四遍,然后打蜡

(4)大理石面层和花岗石面层的成品保护见表3－49。

表 3－49　大理石面层和花岗石面层的成品保护

项目	内　容
存放	存放石材板块，不得雨淋、水泡、长期日晒，防止污染地面。一般采取板块立放，光面相对。板块的背面应支垫木方，木方与板块之间衬垫软胶皮。在施工现场倒运时，也应该按上述要求
运输	运输石材板块、水泥砂浆时，应采取措施防止碰撞已做完的墙面、门口等。铺设地面用水时防止浸泡，污染其他房间地面、墙面
试拼	试拼应在地面平整的房间或操作棚内进行。调整板块的人员应穿干净的软底鞋
铺砌	铺砌石材板块及碎拼石材板块过程中，操作人员应做到随铺砌随擦干净，擦净石材表面应用软毛刷和干布。 新铺砌的石材板块应临时封闭。当操作人员和检查人员踩踏新铺石材板块时要穿软底鞋，并轻踏在一块板材中
完工保护	在石材地面或楼梯踏步上行走时，找平层砂浆的抗压强度不得低于 1.2 MPa。 石材地面完工后，房间封闭，粘贴层上强度后，应在其表面加以覆盖保护

(5)大理石面层和花岗石面层应注意的质量问题见表 3－50。

表 3－50　大理石面层和花岗石面层应注意的质量问题

项目	内　容
板面与基层空鼓	混凝土垫层清理不干净或浇水湿润不够，刷水泥素浆不均匀或刷完时间过长已风干，找平层用的素水泥砂浆结合层变成了隔离层，石材未浸水湿润等因素引起空鼓。因此，必须严格遵守操作工艺要求，基层必须清理干净，找平层砂浆用干硬性的，随铺随刷一层素水泥浆，石材板块在铺砌前必须浸泡湿润
末端出现大小头	铺砌时操作者未拉通线或不同操作者在同一行铺设时掌握板块之间的缝隙大小不一造成。所以在铺砌前必须拉通线，操作者要跟线铺砌，每铺完一行后立即再拉通线检查缝隙是否顺直，避免出现大小头现象
接缝高低不平、缝隙宽窄不匀	主要原因是板块本身有厚薄、宽窄、串角、翘曲等缺陷，预先未严格挑选；房间内水平标高线不统一，铺砌时未严格拉通线等因素均易产生接缝高低不平、缝子不均匀等缺陷。所以应预先严格挑选板块，凡是翘曲、拱背、宽窄不方正等块材剔除不用；铺设标准块后应向两侧和后退方向顺序铺设，并随时使用水平尺和直尺找准，缝隙必须拉通线不能有偏差；房间内的标高线要有专人负责引入，且各房间和楼道的标高要一致
过门口处石材活动	铺砌时没有及时将铺砌门口石材与相邻的地面相接。在工序安排上，石材地面以外的房间地面应先完成。过门口处石材与地面连续铺砌
踢脚板出墙厚度不一致	在镶贴踢脚板时必须要拉通线加以控制

续上表

项目	内　容
石材变形缝要求	大面积地面石材的变形缝应按设计要求设置，变形缝应与结构相应缝的位置一致，且应贯通建筑地面的各构造层。 沉降缝和防震缝的宽度应符合设计要求，缝内清理干净，以柔性密封材料填嵌后用板封盖，并应与面层齐平

第三节　料石面层

一、验收条文

料石面层施工质量验收标准见表3－51。

表3－51　料石面层施工质量验收标准

项目	内　容
主控项目	(1)石材应符合设计要求和国家现行有关标准的规定；条石的强度等级应大于Mu60，块石的强度等级应大于Mu30。 检验方法：观察检查和检查质量合格证明文件。 检查数量：同一工程、同一材料、同一生产厂家、同一型号、同一规格、同一批号检查一次。 (2)石材进入施工现场时，应有放射性限量合格的检测报告。 检验方法：检查检测报告。 检查数量：同一工程、同一材料、同一生产厂家、同一型号、同一规格、闻一批号检查一次。 (3)面层与下一层应结合牢固、无松动。 检验方法：观察和用锤击检查。 检查数量：按《建筑地面工程施工质量验收规范》(GB 50209—2010)中第3.0.21条规定的检验批检查
一般项目	(1)条石面层应组砌合理，无十字缝，铺砌方向和坡度应符合设计要求；块石面层石料缝隙应相互错开，通缝不应超过两块石料。 检验方法：观察和用坡度尺检查。 检查数量：按《建筑地面工程施工质量验收规范》(GB 50209—2010)中第3.0.21条规定的检验批检查。 (2)条石面层和块石面层的允许偏差应符合表3－1的规定。 检验方法：按表3－1中的检验方法检验。 检查数量：按《建筑地面工程施工质量验收规范》(GB 50209—2010)中第3.0.21条规定的检验批和第3.0.22条规定的检验

二、施工材料要求

料石面层材料要求见表3－52。

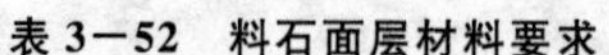

表 3－52　料石面层材料要求

项目	内　　容
材料选用的基本要求	(1)建筑地面施工应体现我国的经济技术政策，在符合设计要求和满足使用功能的条件下，应充分采用地方材料，合理利用、推广工业废料，优先选用国产材料，尽量节约资源性原材料，做到技术先进、经济合理、控制污染、卫生环保、确保质量、安全适用。 (2)建筑地面各构造层所采用的原材料、半成品的品种、规格、性能等，应按设计要求选用，除应符合施工规范外，尚应符合现行国家、行业和有关产品材料标准和相关环境管理的规定。 (3)进场材料应有中文质量合格证书、产品性能检测报告、相应的环境保护参数，对重要材料应有复验报告，并经监理部门检查确认合格后方可使用，以控制材料质量和环境因素
条石	条石应采用质地均匀、强度等级不应小于 MU60 的岩石加工而成。其形状应接近矩形六面体，厚度通常为 80～120 mm。用在严寒地区(气候低于－15℃)者，应作抗冻试验
块石	块石应采用强度等级不小于 MU30 的岩石加工而成。其形状接近直棱柱体，或有规则的四边形或多边形，其底面为截锥体，顶面粗琢平整，底面积不应小于顶面积的 60%，厚度一般为 100～150 mm
水泥	水泥应采用硅酸盐水泥、普通硅酸盐水泥或矿渣硅酸盐水泥，其强度等级不应低于 32.5 级
砂	砂应采用粗砂或中砂，含泥量不应大于 3%，应过筛除去有机杂质
沥青胶结料	沥青胶结料应采用建筑石油沥青或道路石油沥青与纤维、粉状或纤维和粉状混合的填充料配制
水	应采用饮用水

三、施工机械要求

(1)施工机具设备基本要求见表 3－53。

表 3－53　施工机具设备基本要求

项目	内　　容
主要机械	碾压机、砂轮锯、云石机
设备要求	应按施工组织设计和专项施工方案的要求选择满足施工需要、噪声低和能耗低的砂浆搅拌机、碾压机、云石机及其他电动工具

(2)施工机具设备见表 3－54。

表 3－54　施工机具设备

项目	内　容
工具	专用石材夹具、绳索、撬杠、手推车、铁锹、铁钎、刮尺、水桶、喷壶、铁抹子、木抹子、墨斗、小线、木夯、木锤(橡皮锤)、扫帚、钢丝刷
计量检测用具	钢尺、水平尺、方尺、靠尺等
安全防护用品	口罩、手套、护目镜等

四、施工工艺解析

(1)料石面层施工见表 3－55。

表 3－55　料石面层施工

项目	内　容
灰土或砂垫层	在已夯实的基土上进行灰土或砂垫层的分层操作，按设计要求的厚度分层进行，砂垫层厚度不应小于 60 mm。灰土垫层应均匀密实。灰土垫层应采用熟化石灰与黏土的拌和料铺设，拌和料的体积比宜为 3∶7(熟化石灰∶黏土)，黏土不得含有机杂质，使用前应予过筛，其粒径不得大于 15 mm。熟化石灰可采用磨细石灰，并按体积比与黏土拌和洒水堆放 8 h 使用。灰土拌和料应拌和均匀，颜色一致，并保持一定湿度
找标高、拉线	垫层打完之后，根据建筑物已有标高和设计要求的地面标高，用水准仪抄平后，拉水平线
铺石料	(1)对进场的料石进行挑选，将有缺陷的料石剔出，品种不同的料石不得混杂使用。 (2)拉水平线，根据地面面积大小可分段进行铺砌，先在每段的两端头各铺一排料石，以此作为标准进行码砌，缝隙相互错开，错开应为条石的 1/3～1/2，料石铺上时略高于面层水平线，然后用橡皮锤将板块敲实，使面层与水平线相平。板块缝隙不宜大于 6 mm，要及时拉线检查缝格平直度，用 2 m 靠尺检查板的平整度
填缝	料石地面铺砌后 2 d 内，应根据设计要求的材料，进行填缝，填实灌满后将面层清理干净，待结合层达到强度后，方可上人行走。夏季施工，面层要浇水养护
冬期施工	(1)冬期施工时，其掺入的防冻剂要经试验后确定其掺入量。 (2)如使用砂浆时，最好用热水拌和，砂浆使用温度不得低于＋5℃，并随拌随用，做好保温。 (3)铺砌完成后，进行覆盖，防止受冻

(2)料石面层的成品保护及应注意的质量问题见表 3－56。

表 3－56 料石面层的成品保护及应注意的质量问题

项目	内　容
成品保护	(1)地面铺好后,水泥砂浆终凝前不得上人,强度不够不准重车行驶。 (2)不得在已铺好的地面上拌和混凝土或砂浆
应注意的质量问题	(1)地面使用后出现塌陷现象。 主要原因是地基回填土不符合质量要求,未分层进行夯实,或者严寒季节在冻土上铺砌地面,开春后冻土融化路面下沉。因此在铺砌路面板块前,必须严格控制路基填土和灰土垫层的施工质量,更不得在冻土层上做路面。 (2)板面松动。 铺砌后应养护 2 d 后,立即进行灌缝,并填塞密实,另外要控制不要过早上车、上人碾压。 (3)板面平整度偏差过大、高低不平。 在铺砌之前必须拉水平标高线,先在两端各砌一行,做为标筋,以两端标准再拉通线控制水平高度,在铺砌过程中随时用 2 m 靠尺检查平整度,不符合要求及时修正

第四节 塑料板面层

一、验收条文

塑料板面层施工质量验收标准见表 3－57。

表 3－57 塑料板面层施工质量验收标准

项目	内　容
主控项目	(1)塑料板面层所用的塑料板块、塑料卷材、胶粘剂等应符合设计要求和国家现行有关标准的规定。 检验方法:观察检查和检查型式检验报告、出厂检验报告、出厂合格证。 检查数量:同一工程、同一材料、同一生产厂家、同一型号、同一规格、同一批号检查一次。 (2)塑料板面层采用的胶粘剂进入施工现场时,应有以下有害物质限量合格的检测报告: 1)溶剂型胶粘剂中的挥发性有机化合物(VOC)、苯、甲苯十二甲苯; 2)水性胶粘剂中的挥发性有机化合物(VOC)和游离甲醛。 检验方法:检查检测报告。 检查数量:同一工程、同一材料、同一生产厂家、同一型号、同一规格、同一批号检查一次。 (3)面层与下一层的黏结应牢固,不翘边、不脱胶、无溢胶(单块板块边角允许有局部脱胶,但每自然间或标准间的脱胶板块不应超过总数的 5%;卷材局部脱胶处面积不应大于 20 cm^2,且相隔间距应大于或等于 50 cm)。 检验方法:观察、敲击及用钢尺检查。 检查数量:按《建筑地面工程施工质量验收规范》(GB 50209—2010)中第 3.0.21 条规定的检验批检查

续上表

项目	内　容
一般项目	(1)塑料板面层应表面洁净,图案清晰,色泽一致,接缝应严密、美观。拼缝处的图案、花纹应吻合,无胶痕;与柱、墙边交接应严密,阴阳角收边应方正。 检验方法:观察检查。 检查数量:按《建筑地面工程施工质量验收规范》(GB 50209—2010)中第3.0.21条规定的检验批检查。 (2)板块的焊接,焊缝应平整、光洁,无焦化变色、斑点、焊瘤和起鳞等缺陷,其凹凸允许偏差不应大于0.6 mm。焊缝的抗拉强度应不小于塑料板强度的75%。 检验方法:观察检查和检查检测报告。 检查数量:按《建筑地面工程施工质量验收规范》(GB 50209—2010)中第3.0.21条规定的检验批检查。 (3)镶边用料应尺寸准确、边角整齐、拼缝严密、接缝顺直。 检验方法:观察和用钢尺检查。 检查数量:按《建筑地面工程施工质量验收规范》(GB 50209—2010)中第3.0.21条规定的检验批检查。 (4)踢脚线宜与地面面层对缝一致,踢脚线与基层的粘合应密实。 检验方法:观察检查。 检查数量:按《建筑地面工程施工质量验收规范》(GB 50209—2010)中第3.0.21条规定的检验批检查。 (5)塑料板面层的允许偏差应符合表3－1的规定。 检验方法:按表3－1中的检验方法检验。 检查数量:按《建筑地面工程施工质量验收规范》(GB 50209—2010)中第3.0.21条规定的检验批和第3.0.22条规定的检验

二、施工材料要求

(1)塑料板面层材料选用的基本要求见表3－58。

表3－58　塑料板面层材料选用的基本要求

项目	内　容
体现我国经济技术政策	建筑地面施工应体现我国的经济技术政策,在符合设计要求和满足使用功能的条件下,应充分采用地方材料,合理利用、推广工业废料,优先选用国产材料,尽量节约资源性原材料,做到技术先进、经济合理、控制污染、卫生环保、确保质量、安全适用
符合施工规范、规定	建筑地面各构造层所采用的原材料、半成品的品种、规格、性能等,应按设计要求选用,除应符合施工规范外,尚应符合现行国家、行业和有关产品材料标准和相关环境管理的规定
进场材料	进场材料应有中文质量合格证书、产品性能检测报告、相应的环境保护参数,对重要材料应有复验报告,并经监理部门检查确认合格后方可使用,以控制材料质量和环境因素

续上表

项目	内容
胶黏剂等建材产品的选用	采用胶黏剂(无特别注明时,均为水性胶黏剂,下同)粘贴塑料板面层、拼花木板面层时,其环境温度不应低于 10℃,I类民用建筑工程室内装修粘贴塑料地板时不应选用溶剂型胶黏剂,尽量减少有毒有害气体对大气的污染,低于 10℃时应采取临时供暖措施

(2)塑料地板的分类见表 3－59。

表 3－59 塑料地板的分类

项目	内容
高级弹性塑料卷材地板	采用引进设备和技术,以玻璃纤维薄毡作增强基材,强度高,不卷不翘,弹性好,长期擦洗不褪色不起痕,经久耐用,被誉为“可清洗的地毯”。适用于住宅、办公楼、商场、学校、幼儿园、图书馆、饭店、宾馆、医院、体育馆等各类建筑物的铺地材料。一般有以下几种型号: A 型:普通民用住宅,低人流公共场所; B 型:中档民用住宅,一般公共场所; C 型:高档民用住宅,公共场所; D 型:需要舒适脚感和隔音的房间,托儿所、幼儿园等; E 型:有防水要求房间,浴室、卫生间等的墙面、一般地面、墙裙; F 型:走廊、体育馆、饭店等高人流的公共场所
PVC 彩色弹性卷材地板	引进生产线,按德国标准 DEN16952 组织生产,属国内外流行铺地材料。色彩艳丽、耐磨、阻燃、永不褪色、富有弹性、铺设方便,不需胶粘。适用于各类建筑物以及汽车、火车、轮船等的铺地材料
PVC 塑料地板卷材	引进国外成套设备,采用涂刮塑化工艺,产品防滑耐磨、抗拉抗折、耐油防腐、阻燃、抗老化、抗静电性能好。施工不需要特殊胶黏剂即可粘贴牢固,不起皱、不卷边、铺设方便。适用于各类民用及公共建筑、厂房、车辆、船舶、计算机房等处地面
普通塑料地板砖	引进生产技术。适用于各类建筑物地面。规格:305 mm×305 mm×1.4 mm
PVC 塑料彩色地板砖	引进生产设备,生产工艺为热压成型。适用于各类建筑物地面使用。规格:305 mm×305 mm×(1.3,1.5,2.0) mm
彩色塑胶艺术地砖	规格:305 mm×350 mm×(1.2～2.0) mm
彩色塑料地板砖	引进设备、技术、具有防火、防潮、耐磨等优点。适用于各类建筑物地面铺设。规格:305 mm×305 mm×1.2 mm
PVC 仿瓷地砖	引进台湾省设备生产,采用挤出三层复合地生产工艺,地表面为硬质 PVC 印花薄膜,经压花而成。产品图案新颖、耐磨耐蚀、防潮防滑、绝缘阻燃。适用于各类建筑物地面铺设。规格:305 mm×305 mm×(1.2～2.0) mm

续上表

项目	内　　容
共聚树脂塑料地板砖	引进日本双辊压光机，配合国产设备，以 PVC 及其共聚树脂为主要原料，加上矿物填料制成。适用于各类建筑物、火车、轮船等处的地面装修。规格：305 mm×305 mm×(1.4～2.0) mm
氯化聚乙烯卷材地板	氯化聚乙烯简称 CPE，是聚乙烯与氯氢取代反应制成的无规氯化聚合物，含氯量30%～40%，具有橡胶的特性，延伸率、耐磨耗性优于半硬质 PVC 地板，耐候性、耐蚀性能优良。适用于各类建筑物、火车、轮船等处铺贴，和氯丁胶型胶黏剂 404 胶配用。规格：宽 800～900 mm，厚 1.4～1.5 mm，墨绿色
聚氯乙烯卷材地板	以中碱玻璃纤维布为底衬材料，以 PVC 树脂为主要原料用压延法生产的由耐磨面层、PVC 发泡层和底衬构成的多层复合弹性卷材地板。JD 卷材地板为家用型，GD 卷材地板为公用型。规格：20 m/卷，宽 920 mm，厚 1.4 mm(家用型)、2.0 mm(公用型)
软木橡胶地板	该地板系由软木、橡胶制成，兼具软木和橡胶的特点。它即有较高的硬度和抗压强度，又有较大的变形适应能力和摩擦系数。而且耐油、耐水、耐一般溶剂。可打蜡装饰，并可清扫、擦洗。弹性好，行走舒适，色泽美观。适用于高级宾馆、图书馆、大厦、实验室、广播室、医院及其他公共建筑的地面、楼面等处，可起弹性缓冲、防振、隔声等作用。规格：250 mm×250 mm×3 mm，红、绿、铁红色
半软木橡胶地板	该地板由软木、橡胶制成，具有软木和橡胶的特点。它既有较高的硬度和抗压强度，又有较强的变形适应能力和摩擦系数，而且耐油、耐水、耐一般溶剂。可打蜡装饰，并可清扫、擦洗。弹性好，行走舒适，色泽美观。 适用于高级宾馆、图书馆、大厦、实验室、广播室、医院及其他公共建筑的地面、楼面等处，可起弹性缓冲、防振、隔声等作用。规格：800 mm×700 mm×(1～1.5)mm
半硬质聚氯乙烯石棉塑料地板	该地板系以聚氯乙烯树脂为基料，加入增塑剂、稳定剂、填充料，经捏和、塑化、热压而成。具有耐磨耐热、美观、施工方便等性能。 适用于宾馆、大厦、医院、实验室、控制室、净化车间、防尘车间、纺织车间、商场、住宅及其他建筑物的楼、地面及墙壁等处，可贴于水泥地面、木地面等。 规格：303 mm×303 mm×1.6 mm，333 mm×333 mm×1.6 mm，或按要求加工，有16 种颜色
聚氯乙烯地板	该板由芯料片材，再加罩面压制而成，具有耐磨、美观、耐腐蚀、易清洁等特点。 适用于实验室，一般民用建筑的楼、地面等处，火车、汽车、轮船地面等亦非常适用。规格：1 550 mm×700 mm×(2～6)mm
弹性塑料卷材地板	主要成分为聚氯乙烯。面层和底层之间是一层复合软质泡沫塑料，面层印刷压光，美观大方。弹性好，行走舒适，隔声、隔潮、不凉不滑、耐磨、耐污染、易清扫。 适用于高级宾馆、饭店及其他民用建筑地面装修。规格：厚 1.4～1.5 mm，宽 900～930 mm，长 20 m/卷

续上表

项目	内　容
防尘地板	该地板系由非金属无机材料组成，内配吸湿防尘剂，铺地后能起防尘作用。 适用于纺织车间及其他防尘车间。规格：500 mm×500 mm×30 mm
聚氯乙烯塑料软板	系由聚氯乙烯树脂、矿物填料、增塑剂、颜料配制而成，具有质地柔软、耐磨等性能。 适用于办公室、学校、图书馆、住宅、剧院等工业、民用建筑的楼、地面等处。规格：1 800 mm×800 mm×(2～8) mm(有各种颜色)
耐磨型半硬质塑料地板	性能同半硬质聚氯乙烯石棉塑料地板。有桔红、浅红、深红、嫩黄、凝脂、土黄、湖蓝、钴蓝、橄绿、墨绿、云白、灰白、晶黑、淡紫等单色或加花纹等 10 余种类型。 耐磨耐刻，自熄不燃；尺寸稳定，色泽不变；色彩丰富，美观鲜艳；行走舒适，保养方便。规格：304.8 mm×304.8 mm×1.6 mm。 A 型：方形；B 型：花色型；C 型：印花型；D 型：压纹型；E 型：防滑型；F 型：拼花型。 适用于办公室、学校、图书馆、住宅、剧院、超净车间、宾馆、仪表机房、医院、实验室、船舶及其他工业、民用建筑的楼、地面和墙裙等处
聚氯乙烯软质塑胶地板	系由聚氯乙烯树脂、增塑剂、稳定剂、填充剂等组合，经混合、塑化、压延、切割而成，具有耐磨、耐腐、防水、质轻、耐水、有弹性等特点。铺楼、地面可打蜡擦光。 适用于铺设各种建筑物的楼、地面。规格：304.8 mm×304.8 mm×1.5 mm
PVC 塑料地板	以 PVC 为主要原料，加入填料、增塑剂、稳定剂、着色剂等经挤压、复合而成。 适于各类建筑物地面装修。规格：宽度 1 600～1 700 mm，厚度 0.8～1.2 mm
各种地砖及衬垫	(1)橡胶圆形图案地砖：防滑，易清扫，美观，体现了现代风格，适于机场、展览厅、售票厅等公用场所地面铺设。 (2)门厅粒状橡胶踏垫：可美化并保持室内清洁，弹性好，防滑。适用于各类公共建筑门前铺设。 (3)漏孔型橡胶铺地材料：结构新颖、漏水性强、防滑、无腐味。适用于浴室、卫生间、游泳池地面铺设。 (4)橡胶海绵地毯衬垫：衬于地毯和地面之间，具有防潮、增加弹性和柔软性的功能，适用于铺设地毯的地面，为国际上流行的铺地材料。 主要规格：500 mm×500 mm(各色)，300 mm×300 mm(各色)，350 mm×350 mm(各色)
聚氯乙烯塑料地板	系由聚氯乙烯树脂、矿物填料、增塑剂、颜料等配制而成，它具有成本低、质轻、耐油、耐腐、耐磨、防火、隔声、隔热、色彩鲜艳、更换方便的特点。 适用于办公室、图书馆、住宅、宾馆、超净车间、剧院、仪表机房、医院、实验室、船舶及其他工业、民用、公共建筑的楼地面装修。规格：304.8 mm×304.8 mm×1.5 mm，有 15 种颜色
聚氯乙烯抗静电地板	具有质轻、耐磨、耐腐蚀、防火、抗静电性能良好等特点。 适于计算机房、超静车间及其他要求抗静电性能良好房间的地面装修。规格：250 mm×500 mm×1.5 mm，3 种颜色

续上表

项目	内 容
半硬 PVC 塑料地板	装饰性优良、耐化学腐蚀、尺寸稳定、耐久,且脚感舒适,施工方便。住宅、公共建筑、工业厂房、医院等地坪、楼面的装修均可使用,也可用于耐酸、耐碱地面。 规格:480 mm×480 mm,240 mm×240 mm,303 mm×303 mm,厚度 1.5、2.0、2.5、3.0 mm,24 种颜色
抗静电升降活动地板	SJ－6 型升降地板装饰性优良、尺寸稳定、高低可调、下部串通、阻燃,由可调支架、行条、面板三部分组成,分普通地板、普通抗静电地板和特殊抗静电地板。适于邮电部门、大专院校、工矿企业的计算机房以及要求较高的空调房间、自动化办公室的地面装修。 规格:600 mm×600 mm,支架可调范围 250×350 mm,2 种颜色
彩色印花塑料地板	它是半硬质聚氯乙烯塑料地板的又一品种,由印花面层与彩色基层复合制成。它不但具有普通聚氯乙烯塑料地板的优点,而且更为耐磨、耐污染,图案多样、高雅美观,有仿水磨石、仿木纹等图案,也可按用户要求配制。适用于接待室、会议室、阅览室、休息室及卧室等地面的装修。 规格:303 mm×303 mm×1.6 mm,333 mm×333 mm×1.6 mm
塑料地板	821 型彩色塑料地板(棕红、淡黄、天蓝、淡灰):305 mm×305 mm×1.5 mm,700 mm×700 mm×1.5 mm。 822 型仿大理石纹塑料地板(4 种花色):305 mm×305 mm×1.5 mm,700 mm×700 mm×1.5 mm。 835 型印花塑料地板(6 种花色):305 mm×305 mm×1.5 mm。 834 型卷材塑料地板(红、绿 2 色)。A 型为条形图案,B 型为菱形图案,850 mm×1.2 mm,长度不限。 835 型塑料地板(三复合夹心地板)(棕红、酱黄、蓝色、黑绿、白色):333 mm×333 mm×1.5 mm
聚氯乙烯地板革	耐磨、花纹美观、装饰效果好,适用于宾馆、住宅等建筑物和船舶等地面装修(各色均有)。 规格:宽 1 100±10 mm,厚 0.8±0.05 mm。 该产品系卷材,以棕色为主,可根据用户要求定做任何颜色或印花。该产品系挤出成型,具有质地柔软、坚韧、耐磨、不滑、耐腐蚀等性能。 适用于办公室、学校、图书馆、住宅、宾馆、超净车间、计算机房及其他工业、民用建筑的楼、地面装修
聚氯乙烯钙塑地板	色彩有墨绿、天蓝、湖绿、浅棕、米黄等。规格:150 mm×150 mm×(1.5～2.0) mm,200 mm×200 mm×(1.5～2.0) mm,250 mm×250 mm×(1.5～2.0) mm,330 mm×330 mm×1.6 mm,或按要求加工

续上表

项目	内　容
PVC仿瓷地砖	该产品仿瓷，有防滑花纹，带有不干胶，施工方便，系引进设备生产。 规格：305 mm×305 mm×12 mm(彩色)，不带不干胶，其他同上
聚氯乙烯树脂地板	该地板系以聚氯乙烯树脂为主要原料，配以增塑剂、阻燃剂、颜料及矿物质经高压制成。适用于工业、民用建筑的楼、地面等处。规格：250 mm×250 mm×1.5 mm(重约140 g/块)，300 mm×300 mm×1.5 mm(重约250 g/块)
再生胶地板	以再生胶为基料，加入润滑剂、软化剂、填充料等加工而成。具有防潮、隔音、有弹性、行走舒适、美观大方、铺设简单、不需粘贴、易于维修等特点。 适用于工业、民用建筑的楼、地面等处，对缝铺，不需粘贴。规格：厚1.8～2.0 mm，宽1 000 mm，长12 m/卷。黑色，铺后可喷、刷过氯乙烯漆、酚醛漆等，并可喷涂各种图案
聚氯乙烯塑料地板砖	适用于高级宾馆、饭店及其他民用建筑的地面装修。 规格：304 mm×304 mm×(1.2～2.0)mm。 又名TSJ－7910型塑料贴面地板砖。颜色有蓝、红、咖啡、米黄、绿、紫等，花纹有大理石花纹等。适用于高级宾馆、饭店及其他民用建筑的地面装修。 规格：229 mm×229 mm(即9″×9″)，305 mm×305 mm(即12″×12″)，厚度均为1.5 mm
302布基聚氯乙烯地板革	302布基聚氯乙烯地板革包括防燃地板革和耐寒地板革。 颜色鲜艳，光泽一致，表面平整，耐磨性好，易冲刷清洗。防燃地板革有离燃自熄特性，耐寒地板革有耐寒性。 适用于高级宾馆、饭店及其他民用建筑的楼面、地面等处。规格：厚2.7～3.0 mm，宽≤1 160 mm，长度任意
石棉塑料地板	该地板系用聚氯乙烯共聚树脂与石棉、其他配合剂、颜料等混合后，经塑化、压延成片、冲模而成。具有表面光亮、色泽鲜艳、花纹美观、质轻、耐磨、弹性强、不助燃、自熄、耐腐蚀等特点。花色共有果绿、深驼、浅咖啡、深咖啡、晶黑、深灰、中灰、浅灰、白、青紫莲、蓝、天蓝、墨绿、绿、深石绿、中石绿、浅石绿、土黄、橙、砖红、珠红、大红、紫红等24种，编号分别为01，02，03，…，24。 适用于高级宾馆、饭店及其他民用建筑的楼面、地面等处。规格：254 mm×254 mm×1.5 mm(10″×10″×1/18″)，305 mm×305 mm×1.5 mm(12″×12″×1/18″)

三、施工机械要求

(1)施工机具设备基本要求见表3－60。

表3－60　施工机具设备基本要求

项目	内　容
主要机械	空气压缩机、调压变压器、吸尘器、多功能焊塑枪、电热空气焊枪等

续上表

项目	内　容
设备要求	应按施工组织设计或专项施工方案的要求选用满足施工需要的、噪声低和能耗低的机械设备
设备结构及配置	塑料地板焊接设备结构及配置，如图 3－6 和图 3－7 所示

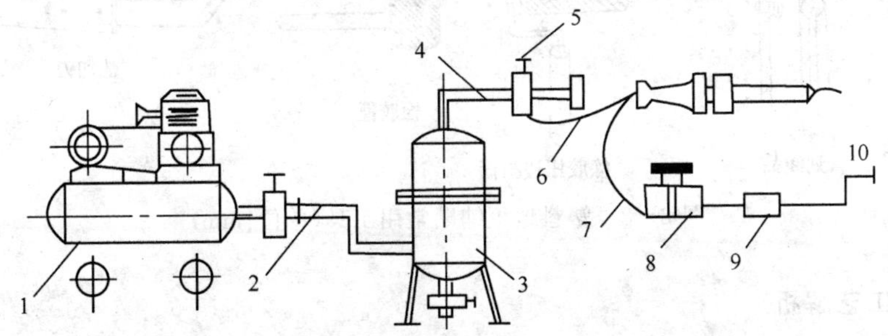

图 3－6　焊接设备及其配置

1—空气压缩机；2—压缩空气管；3—过滤器；4—过滤后压缩空气管；5—气流控制阀；6—软管；7—调压后电源线；8—调压变压器；9—漏电自动切断器；10—接 220 V 电源

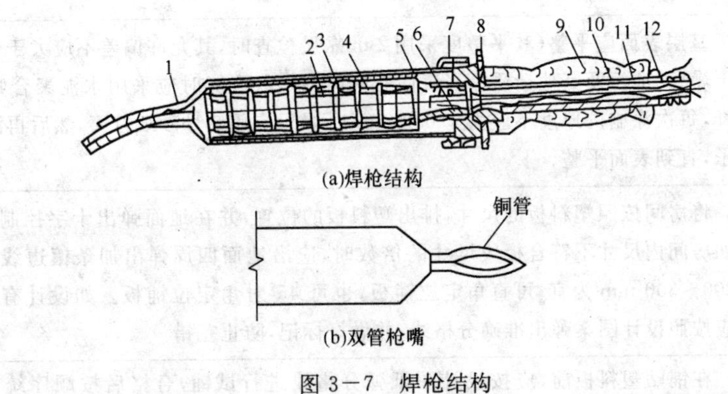

(a)焊枪结构

(b)双管枪嘴

图 3－7　焊枪结构

1—弯形枪嘴；2—磁卷；3—外壳；4—电热源；5—线磁接头；6—固定圈；7—连接帽；8—隔热垫圈；9—手柄；10—电源线；11—空气导管；12—支头螺丝

(2)施工机具设备见表 3－61。

表 3－61　施工机具设备

项目	内　容
工具	木工细刨、木锤、橡皮锤、油灰刀、剪刀、裁切刀、橡胶滚筒、焊条压辊、称量天平、塑料盆、锯齿形涂刮板、鬃刷橡胶压边滚筒等，如图 3－8 所示
安全防护用品	口罩、手套、护目镜等

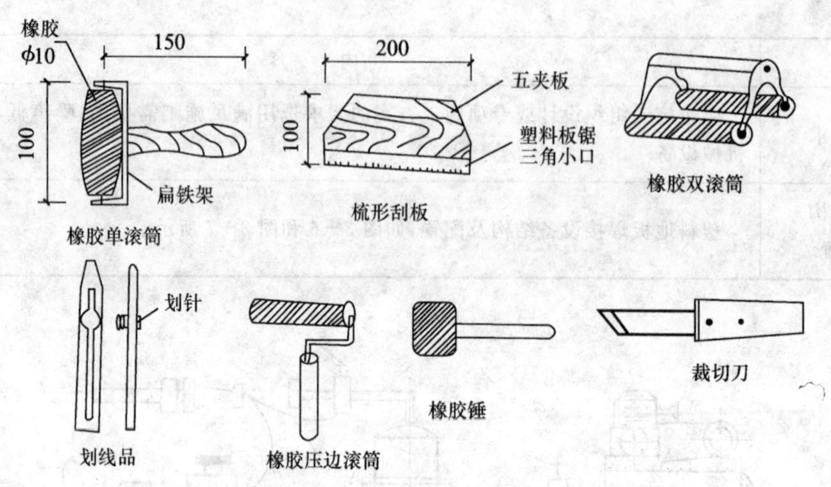

图 3－8　塑料地板铺贴常用工具(单位:mm)

四、施工工艺解析

(1)塑料板面层施工见表 3－62。

表 3－62　塑料板面层施工

项目	内　容
基层处理	基层表面应平整(其平整度采用 2 m 靠尺检查时,其允许偏差不应大于 2 mm)、坚硬、干燥、无油污及其他杂质。当表面有麻面、起砂、裂缝时应采用水泥聚合物腻子分层修补,每次涂刷的厚度不应大于 0.8 mm,干燥后应用 0 号砂纸打磨,然后再涂刷第二遍腻子,直到表面平整
弹线	将房间依照塑料板的尺寸,排出塑料板的位置,并在地面弹出十字控制线和分格线。如房间内尺寸不符合板块尺寸的倍数时,应沿地面四周弹出加条镶边线,一般距墙面 200～300 mm 为宜,可直角定位铺板,也可 45°对角定位铺板。如设计有图案要求时,应按照设计图案弹出准确分格线,并做好标记,防止差错
试铺	在铺贴塑料板前,应按设计图纸弹分格线进行试铺,合格后按顺序统一编号,码放备用
刷底胶	铺设前应将基底清理干净,并在基底上刷一道均匀的底胶,底胶干燥后,即可进行铺贴。当塑料板有背胶时,刷底胶工序可省略
铺塑料地面	(1)粘贴塑料板。 1)将塑料板背面用干布擦干净,在铺设塑料地板的位置和塑料板背面各涂刷一道胶。 2)在涂刷基层时,应超出分格线 10 mm,涂胶后待胶表面稍干后(不粘手时),将塑料地板按编号就位,与所弹定位线对齐,放平粘合,用压辊将塑料地板压平、粘牢或用橡皮锤敲实,并与相邻各板调平、调直。 3)基层涂刷胶黏剂时,面积不得过大,要随贴随刷。 4)铺设塑料板时应先在房间中间弹十字线铺设十字控制板块,按十字控制板块向四周铺设。大面积铺贴时应分段、分部位铺贴。

续上表

项目	内　容
铺塑料地面	5)对缝铺贴的塑料板,接缝必须做到横平竖直,十字缝处通顺、无歪斜,对缝严密、缝隙均匀。 6)当塑料板有背胶时。只需将塑料板背胶纸揭掉,直接粘铺在找平层上即可。具体施工方法同无背胶塑料地板。 (2)半硬质聚氯乙烯板地面的铺贴:预先对板块进行处理后,宜采用丙酮、汽油混合溶液(1∶8)进行脱脂除蜡,干后再进行涂胶铺贴,方法同粘贴塑料板。 (3)软质聚氯乙烯地面铺贴:铺贴前先对板块进行预热处理,宜放入75℃的热水中浸泡10～20 min,待板面全部松软伸平后,取出晾干待用。但不得用炉火或电热炉预热。铺贴方法同粘贴塑料板。当板块缝隙要求焊接时,宜在48 h以后施焊,亦可采用先焊后铺贴。焊接时板材做成V形坡口,坡角一般为75°～85°。焊条成分、性能与被焊的板材要相同。焊后将焊缝凸出部分用刨刀削平。 (4)塑料卷材的铺贴:根据卷材铺贴方向及房间尺寸剪割下料,按铺贴的顺序编号。将卷材的一边对准尺寸线,刷胶黏剂贴,用胶皮辊由中间向两边压实,排出空气,防止起泡。滚压不到的地方用橡皮锤敲实,做到连接平顺,不卷不翘
镶边	设计有地板镶边时,应按设计要求镶边
踢脚板铺设	地面铺贴后,弹出踢脚上口线,并分别在墙面两端各铺贴一块踢脚板,再挂线粘贴。先铺阴阳角,后铺大面。涂胶铺贴方法与地面铺贴方法相同。滚压时用辊子反复压实以胶压出为准,并及时将胶痕擦净
擦光上蜡	铺贴好塑料地面及踢脚板后,用布擦干净、满涂1～2遍上光蜡,稍干后用净布擦拭,直至表面光滑、净亮
季节性施工	(1)雨期施工应开启门窗通风,必要时增加人工排风设施(风扇等)控制温度。遇大雨或持续高湿度时应停止施工。 (2)冬期施工,应在采暖条件下施工,室温保持均衡,一般不低于10℃

(2)塑料板面层的成品保护及应注意的质量问题见表3－63。

表3－63　塑料板面层的成品保护及应注意的质量问题

项目	内　容
成品保护	(1)塑料板面层完工后应及时覆盖保护,以防污染。 (2)塑料地面施工完后,房间应设专人看管,进入室内施工人员应穿软底鞋。 (3)在塑料板面层上进行其他工序作业时,必须进行遮盖,使用支垫等可靠的保护措施,严禁直接在塑料板面层上作业。 (4)施工中不得污染、损坏其他工种的半成品、成品
应注意的质量问题	(1)基层表面应坚实平整,清理必须干净(用吸尘器),无起皮,防止铺贴后面层出现凹凸不平、沙粒状斑点。

续上表

项目	内　　容
应注意的质量问题	(2)铺贴前应做含水率测定,基层含水率应控制在10%,以免因含水率过大,出现面层空鼓、起泡。 (3)涂刷胶黏剂时应厚薄一致,均匀到位,掌握好粘贴时间,用力排出板背面空气,防止出现空鼓、翘曲。 (4)铺贴前应认真挑选板块材料尺寸、厚度、防止面层错缝或不平。 (5)铺贴后及时将外溢的胶液清理干净,并覆盖保护,防止污染

第五节　活动地板面层

一、验收条文

活动地板面层施工质量验收标准见表3－64。

表3－64　活动地板面层施工质量验收标准

项目	内　　容
主控项目	(1)活动地板应符合设计要求和国家现行有关标准的规定,且应具有耐磨、防潮、阻燃、耐污染、耐老化和导静电等性能。 检验方法:观察检查和检查型式检验报告、出厂检验报告、出厂合格证。 检查数量:同一工程、同一材料、同一生产厂家、同一型号、同一规格、同一批号检查一次。 (2)活动地板面层应安装牢固,无裂纹、掉角和缺棱的缺陷。 检验方法:观察和行走检查。 检查数量:按《建筑地面工程施工质量验收规范》(GB 50209—2010)中第3.0.21条规定的检验批检查
一般项目	(1)活动地板面层应排列整齐、表面洁净、色泽一致、接缝均匀、周边顺直。 检验方法:观察检查。 检查数量:按《建筑地面工程施工质量验收规范》(GB 50209—2010)中第3.0.21条规定的检验批检查。 (2)活动地板面层的允许偏差应符合表3－1的规定。 检验方法:按表3－1中的检验方法检验。 检查数量:按《建筑地面工程施工质量验收规范》(GB 50209—2010)中第3.0.21条规定的检验批和第3.0.22条规定的检验

二、施工材料要求

活动地板面层材料要求见表3－65。

表 3－65　活动地板面层材料要求

项目	内　容
材料选用的基本要求	(1)建筑地面施工应体现我国的经济技术政策，在符合设计要求和满足使用功能的条件下，应充分采用地方材料，合理利用、推广工业废料，优先选用国产材料，尽量节约资源性原材料，做到技术先进、经济合理、控制污染、卫生环保、确保质量、安全适用。 (2)建筑地面各构造层所采用的原材料、半成品的品种、规格、性能等，应按设计要求选用，除应符合施工规范外，尚应符合现行国家、行业和有关产品材料标准和相关环境管理的规定。 (3)进场材料应有中文质量合格证书、产品性能检测报告、相应的环境保护参数，对重要材料应有复验报告，并经监理部门检查确认合格后方可使用，以控制材料质量和环境因素。 (4)胶黏剂、沥青胶结料和涂料等建材产品应按设计要求选用，并应符合现行国家标准《民用建筑工程室内环境污染控制规范》(GB 50325—2010)的规定，以控制对人体直接的危害。 (5)民用建筑工程室内装修中所采用的水性涂料、水性胶黏剂、水性处理剂必须有总挥发性有机化合物(TVOC)和游离甲醛含量检测报告；溶剂型涂料、溶剂型胶黏剂必须有总挥发性有机化合物(TVOC)、苯、游离甲苯二异氰酸酯(TDI)(聚氨酯类)含量检测报告，并应符合要求。 材料采购时，尽量选用环保型材料，严禁选用国家明令淘汰和有害物质超标的产品
抗静电木质活动地板	(1)木质活动地板产品按性能不同分为普、中、高三级。 (2)抗静电木质活动地板尺寸偏差应符合表 3－66 规定。 (3)基材质量应符合相应的材料标准要求。 (4)表面材料应为柔光，颜色浅淡，其质量应符合相应表面材料的标准要求。 (5)外观质量要求四周封边严密，不得有鼓泡、开胶、边角缺损等现象。 (6)抗静电木质活动地板理化性能，应符合表 3－67 规定。 (7)地板防火性能应符合《计算机场地通用规范》(GB/T 2887—2011)的要求
异形地板	板块有旋流风口地板、可调风口地板、大通风量地板和走线口地板，如图 3－9 所示
活动地板配件要求	(1)横梁。 要求平直，表面要进行防锈处理。 (2)垫条。 要求电阻值低于活动地板一个数量级，厚度均匀一致。 (3)支架。 要求表面光滑，不得有毛刺、矿眼等缺陷，共中心线应与底面垂直，底面应平整，不得外凸
支架柱、横梁	支架柱应与活动地板配套使用的，可供调节高度的钢质圆管柱，长度 250～400 mm；横梁应与活动地板配套使用的优质钢板冲压成型的方钢管，长度为 470 mm、570 mm、580 mm几种及固定横梁的螺钉，如图 3－10 所示

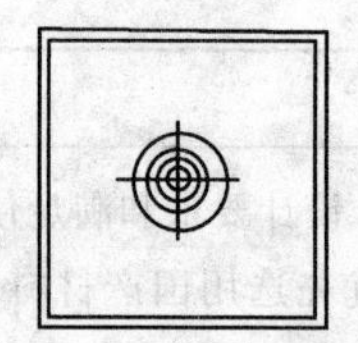

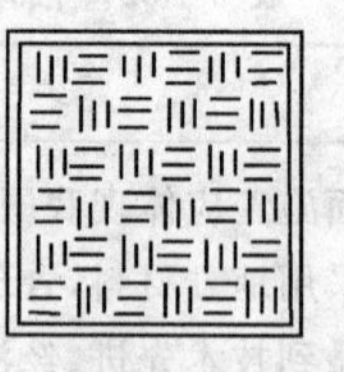
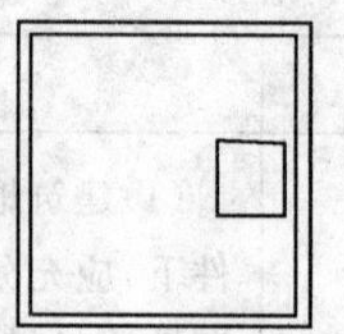

(a)旋流风口地板　(b)可调风口地板　(c)大通风量地板　(d)走线口地板

图 3-9　异形地板块

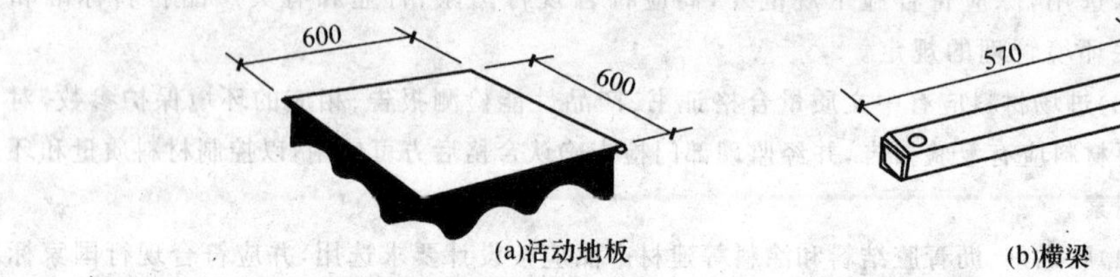

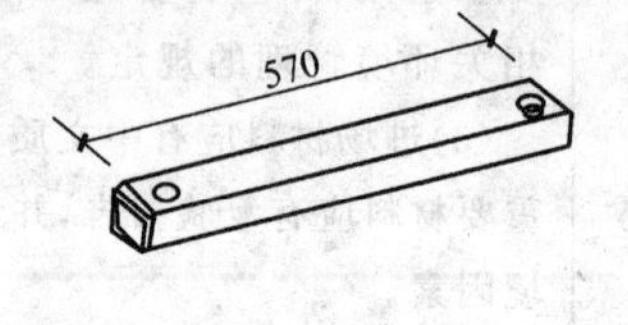

(a)活动地板　(b)横梁

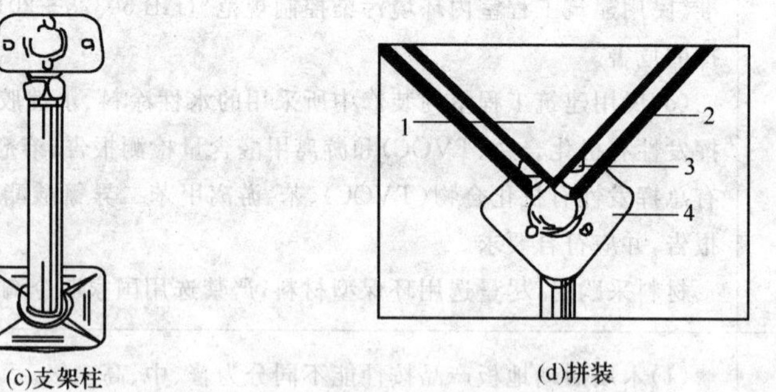

(c)支架柱　(d)拼装

图 3-10　活动地板构造示意(单位:mm)

1—活动地板;2—横梁;3—结合螺钉;4—支架柱顶面

表 3-66　抗静电木质活动地板尺寸偏差　(单位:mm)

项　目	要　求
净长偏差	公称长度与每个长度之差绝对值不大于 0.3 mm
厚度偏差	公称厚度大于 25 mm 时,公称厚度与每个测点厚度之差绝对值不大于 0.5 mm
	公称厚度不大于 25 mm 时,公称厚度与每个测点厚度之差绝对值不大于 0.3 mm
对角线差	不大于 1.0 mm
翘曲度	不大于 0.50%

表 3-67　抗静电木质活动地板理化性能

检验项目	要　求
吸水厚度膨胀率	不大于 10%
表面耐冷热循环	无龟裂、无鼓泡

续上表

检验项目	要　求
表面耐污染	无污染、无腐蚀
表面耐磨	表面无损伤、无破损、无划痕、面层无开裂，接缝无破坏
脚轮磨损	面层无裂纹，接缝无破损
抗冲击	无开裂、龟裂现象
集中载荷	额定集中载荷 2.0×10^3 N时，变形量不大于2 mm
	破坏载荷不小于 0.8×10^4 N
滚动载荷	变形量不大于2 mm
电性能	系统电阻：$1.0\times10^5\ \Omega\sim1.0\times10^9\ \Omega$
燃烧性能	燃烧性能等级不低于 C_{fl} 级，产烟毒性等级不低于t1级，产烟量等级不低于s1级
甲醛释放量	应符合《室内装饰装修材料　人造板及其制品中甲醛释放限量》(GB 18580—2001)的规定

三、施工机械要求

(1)施工机具设备基本要求见表3－68。

表3－68　施工机具设备基本要求

项目	内　容
主要机械	切割机、吸盘、无齿锯、圆盘锯、手持砂轮等
设备要求	按施工组织设计和专项施工方案的要求选用满足施工需要的各种机械设备

(2)施工机具设备见表3－69。

表3－69　施工机具设备

项目	内　容
工具	钢锯、手刨、斧子、开刀、板手、棉丝、小方锹、手推车、墨斗、小线、红铅笔
计量检测用具	水平仪、线附、钢尺、水平尺、方尺、靠尺等
安全防护用品	口罩、手套、护目镜等

四、施工工艺解析

(1)活动地板面层施工见表3－70。

表3－70　活动地板面层施工

项目	内　容
基层处理	活动地板面层的金属支架应支撑在现浇混凝土基层上或现制水磨石地面上，基层表面应平整、光洁、不起灰。含水率不大于8%。安装前应认真清擦干净，必要时根据设计要求，在基层表面上涂刷清漆

续上表

项目	内　容
找中、套方、分格、弹线	首先测量房间的长、宽尺寸，找出纵横线中心交点。当房间是矩形时，用方尺测量相邻的墙体是否垂直，如相互不垂直，应预先对墙面进行处理，避免在安装活动板块时，在靠墙处出现楔形板块。 根据已测量好的平面长、宽尺寸进行计算，如果不符合活动地板板块模数时，依据已找好的纵横中线交点，进行对称分格，考虑将非整块板放在室内靠墙处，在基层表面上按板块尺寸弹线并形成方格网，标出地板块安装位置和高度(标在四周墙上)，并标明设备预留部位。此项工作必须认真细致，做到方格控制线尺寸准确(此时应插入铺设活动地板下的管线，操作时要注意避开已弹好支架底座的位置)
安装支座和横梁组件	检查复核已弹在四周墙上的标高控制线，确定安装基准点，然后按基层面上已弹好的方格网交点处安放支座和横梁，并应转动支座螺杆，先用小线和水平尺调整支座面高度至全室等高，待所有支座柱和横梁构成一体后，应用水平仪抄平。支座与基层面之间的空隙应灌注环氧树脂，应连接牢固。亦可根据设计要求用膨胀螺栓或射钉连接
铺设活动地板面层	(1)根据房间平面尺寸和设备等情况，应按活动地板模数选择板块的铺设方向。当平面尺寸符合活动地板板块模数，而室内无控制柜设备时，宜由里向外铺设，当平面尺寸不符合活动地板板块模数时，宜由外向里铺设。当室内有控制柜设备且需要预留洞口时，铺设方向和先后顺序应综合考虑选定。 (2)铺设前，活动地板面层下铺设的电缆，管线已经过检查验收，并办完隐检手续。 (3)先在横梁上铺设缓冲胶条，并用乳胶液与横梁黏合。铺设活动地板块时，应调整水平度，保证四角接触处平整、严密，不得采用加垫的方法。 (4)铺设活动地板块不符合模数时，不足部分可根据实际尺寸将板面切割后镶补，并配装相应的可调支撑和横梁，切割的边应采用清漆或环氧树脂胶加滑石粉按比例调成腻子封边，或用防潮腻子封边，也可采用铝型材镶嵌。 (5)在与墙边的接缝处，应根据接缝宽窄分别采用活动地板或木条刷高强胶镶嵌，窄缝宜用泡沫塑料镶嵌。随后立即检查调整板块水平度及缝隙
清擦和打蜡	当活动地板面层全部完成，经检查平整度及缝隙均符合质量要求后，即可进行清擦。当局部沾污时，可用清洁剂或肥皂水用布擦净晾干后，用棉丝抹蜡，满擦一遍，然后将门封闭。如果还有其他专业工序操作时，在打蜡前先用塑料布满铺后，再用 3 mm 以上的橡胶板盖上，等其全部工序完成后，再清擦打蜡交活

(2)活动地板面层的成品保护及应注意的质量问题见表 3－71。

表 3－71　活动地板面层的成品保护及应注意的质量问题

项目	内　容
成品保护	(1)操作过程中注意保护好已完成的各分项分部工程成品的质量，在运输和施工操作中，要保护好门窗框扇，特别是铝合金门窗框扇和玻璃、墙纸、踢脚板等。

续上表

项目	内　　容
成品保护	(2)活动地板等配套系列材料进场后,应设专人负责检查验收其规格、数量、并做好保管工作,尤其在运输、装卸、堆放过程中,要注意保护好面板,不要碰坏面层和边角。 (3)在安装过程中要注意对面层的保护,坚持随污染随立即清擦干净,特别是环氧树脂和乳胶液体,应及时擦干净。 (4)在已铺设好的面板上行走或作业,应穿泡沫塑料拖鞋和软底鞋,不能穿带有金属钉的鞋。更不能用锐器、硬物在面板上拖拉、划擦及敲击。 (5)在面板安装后,再安装设备时,应注意采取保护面板的临时性保护措施,一般在铺设 3 mm 厚以上的橡胶板上垫胶合板。 (6)安装设备时应根据设备的支承和荷重情况,确定地板支承系统的加固措施
应注意的质量问题	(1)活动地板及其配套支承系列的材质和技术性能要符合设计要求,并有出厂合格证,大面积施工操作前,要进行试铺工作。 (2)弹完方格网实线后,要及时插入铺设活动地板下的电缆管线的工序,并经验收合格后再安装支承系统,这样做既避免了不应有的返工,同时又保证支架不被碰撞造成松动。 (3)安装底座时,要检查是否对准方格网中心交点,待横梁全部安装完后要拉横竖线,检查横梁的平直度,以保证面板安装后缝格的平直度控制在 3 mm 之内,面板安装之后随时拉小线再次进行检查,横梁的顶标高也要严格控制,用水平仪核对整个横梁的水平

第六节　地毯面层

一、验收条文

地毯面层施工质量验收标准见表 3－72。

表 3－72　地毯面层施工质量验收标准

项目	内　　容
主控项目	(1)地毯面层采用的材料应符合设计要求和国家现行有关标准的规定。 检查方法:观察检查和检查型式检验报告、出厂检验报告、出厂合格证。 检查数量:同一工程、同一材料、同一生产厂家、同一型号、同一规格、同一批号检查一次。 (2)地毯面层采用的材料进入施工现场时,应有地毯、衬垫、胶粘剂中的挥发性有机化合物(VOC)和甲醛限量合格的检测报告。 检验方法:检查检测报告。 检查数量:同一工程、同一材料、同一生产厂家、同一型号、同一规格、同一批号检查一次。 (3)地毯表面应平服,拼缝处应粘贴牢固、严密平整、图案吻合。 检验方法:观察检查。 检查数量:按《建筑地面工程施工质量验收规范》(GB 50209—2010)中第 3.0.21 条规定的检验批检查

续上表

项目	内　容
一般项目	(1)地毯表面不应起鼓、起皱、翘边、卷边、显拼缝、露线和毛边,绒面毛应顺光一致,毯面应洁净、无污染和损伤。 检验方法:观察检查。 检查数量:按《建筑地面工程施工质量验收规范》(GB 50209—2010)中第3.0.21条规定的检验批检查。 (2)地毯同其他面层连接处、收口处和墙边、柱子周围应顺直、压紧。 检验方法:观察检查。 检查数量:按《建筑地面工程施工质量验收规范》(GB 50209—2010)中第3.0.21条规定的检验批检查

二、施工材料要求

(1)地毯面层材料选用的基本要求见表3－73。

表3－73　地毯面层材料选用的基本要求

项目	内　容
体现我国经济技术政策	建筑地面施工应体现我国的经济技术政策,在符合设计要求和满足使用功能的条件下,应充分采用地方材料,合理利用、推广工业废料,优先选用国产材料,尽量节约资源性原材料,做到技术先进、经济合理、控制污染、卫生环保、确保质量、安全适用
符合施工规范、规定	建筑地面各构造层所采用的原材料、半成品的品种、规格、性能等,应按设计要求选用,除应符合施工规范外,尚应符合现行国家、行业和有关产品材料标准和相关环境管理的规定
进场材料	进场材料应有中文质量合格证书、产品性能检测报告、相应的环境保护参数,对重要材料应有复验报告,并经监理部门检查确认合格后方可使用,以控制材料质量和环境因素
胶黏剂等建材产品的选用	民用建筑工程室内装修中所采用的水性涂料、水性胶黏剂、水性处理剂必须有总挥发性有机化合物(TVOC)和游离甲醛含量检测报告;溶剂型涂料、溶剂型胶黏剂必须有总挥发性有机化合物(TVOC)、苯、游离甲苯二异氰酸酯(TDI)(聚氨酯类)含量检测报告,并应符合要求。材料采购时,尽量选用环保型材料,严禁选用国家明令淘汰和有害物质超标的产品

(2)地毯的分类见表3－74。

表3－74　地毯的分类

项目	内　容
按使用场所分	地毯按其所使用场所的不同,可分为六个等级,其表示方法见表3－75
按地毯材质分	按地毯材质分,主要可分为纯毛地毯、化纤地毯、混纺地毯、塑料地毯、植物纤维地毯五大类。其性能和用途见表3－76

续上表

项目	内容
按编织工艺分	(1)手工编织地毯:专指纯毛地毯,它是采用双经双纬,通过人工打结栽绒,将绒毛层与基底一起织做而成,做工精细,图案千变万化,是地毯中的高档品,但成本高,价格贵。 (2)簇绒地毯:簇绒地毯,又称栽绒地毯,是目前生产化纤地毯的主要工艺;它是通过往复式穿针的纺机,生产出厚实的圈绒地毯,再用刀片横向切割毛圈顶部而成的,故又称“割绒地毯”或“切绒地毯”。 (3)无纺地毯:无纺地毯是指无经纬编织的短毛地毯,是用于生产化纤地毯的方法之一。这种地毯工艺简单,价格低,但弹性和耐磨性较差。为提高其强度和弹性,可在毯底加贴一层麻布底衬
按规格尺寸分	(1)块状地毯:不同材质的地毯均可成块供应,形状多为正方形及长方形,通用规格尺寸(610 mm×610 mm)～(3 660 mm×6 710 mm),共计 56 种,另外还有椭圆形、圆形等。厚度则随质量等级而有所不同。纯毛块状地毯可成套供应,每套由若干规格和形状不同的地毯组成。花式方块地毯是由花色各不相同的 500 mm×500 mm 的方块地毯组成一箱,铺设时可组成不同的图案。 (2)卷状地毯:化纤地毯、剑麻地毯及无纺纯毛地毯等常按整幅成卷供货,其幅宽有1～4 m等多种,每卷长度一般为 20～50 m,也可按要求加工。这种地毯一般适合于室内满铺固定式铺设,可使室内具有宽敞感、整洁感。楼梯及走廊用地毯为窄幅,属专用地毯,幅宽有 900、700 mm 两种,也可按要求加工,整卷长度一般为 20 m
按铺设方法分	(1)固定式铺设:双分为两种固定方法。一种是设置弹性衬垫用木卡条固定;另一种是无衬垫用胶黏剂黏结固定。为了防止人们走动后使地毯变形或卷曲,影响使用,影响美观,因此,铺设地毯采用固定式较多。 (2)不固定式:又称活动式,是指地毯明摆浮搁在基层上,铺设方法简单,更换容易,装饰性的工艺地毯一般采取活动式铺设;室内四周有较多的家具和设备以及临时性的住房,考虑地毯的撤换方便,也采取活动式。再有方块地毯一般平放在基层上,不加固定。不固定式按铺设的范围来说,又有满铺和局部铺设之分

表 3－75 地毯的等级

序号	等级	所用场所
1	轻度家用级	铺设在不常使用的房间或部位
2	中度家用级(或轻度专业使用级)	用于主卧室或家庭餐厅等
3	一般家用级(或中度专业使用级)	用于起居室及楼梯、走廊等行走频繁的部分
4	重度家用级(或一般专业使用级)	用于家中重度磨损的场所
5	重度专业使用级	用于特殊要求场合,价格较贵,家庭一般不用
6	豪华级	地毯品质好,绒毛纤维长,具有豪华气派,用于高级装饰的场合

表3-76 地毯按材质分类表

序号	名称	性能特点		适用场所
1	纯毛地毯（羊毛地毯）	手织	图案优美，色彩鲜艳，质地厚实，经久耐用，柔软舒适，富丽堂皇； 其质量约1.6～2.6 kg/m²	宾馆、会堂、舞台及其他公共建筑物的楼、地面
		机织	纯羊毛无纺织地毯，新品种，具有质地优良、物美价廉、消音抑尘、使用方便等特点	宾馆、体育馆、剧院及其他公共建筑等处
2	混纺地毯	品种很多，常以毛纤维和各种合成纤维混纺，如加20%的尼龙纤维，耐磨性可提高5倍		
3	合成纤维地毯	也叫化纤地毯。品种极多，如十分漂亮的长毛多元醇酯地毯、防污的聚丙烯地毡等，感触像羊毛耐磨而富弹性		可在宾馆、饭店等公共建筑中代替羊毛地毯使用
4	塑料地毯	用聚氯乙烯树脂、增塑剂等多种辅助材料，经均匀混炼、塑制而成的一种新型轻质地毯材料柔软、鲜艳、耐用、自熄、不燃、污染后可用水洗刷		宾馆、商场、舞台、浴室、高层建筑等公共场所
5	植物纤维地毯	如用凉麻纤维等，可做门毡、地毡		

(3)地毯的技术性能指标见表3-77。

表3-77 地毯的技术性能指标

项目	内容
耐磨性	地毯的耐磨性是衡量其使用耐久性的重要指标，表3-78是几种常用地毯的耐磨性性能指标。表3-79是某地产化纤地毯的耐磨性性能指标。从表中可看出，地毯的耐磨性优劣与所用绒毛长度、面层材质有关，即化纤地毯比羊毛地毯耐磨，地毯越厚越耐磨
剥离强度	地毯的剥离强度反映地毯面层与背衬间复合强度的大小，也反映地毯复合之后的耐水能力。通常以背衬剥离强力表示，即指采用一定的仪器设备，在规定速度下，将50 mm宽的地毯试样，使之面层与背衬剥离至50 mm长时所需的最大力。表3-80为几种地毯的实测剥离强度值
弹性	弹性是反映地毯受压力后，其厚度产生压缩变形程度，这是地毯脚感是否舒适的重要性能。地毯的弹性是指地毯经一定次数的碰撞(一定动荷载)后，厚度减少的百分率。化纤地毯的弹性不及纯毛地毯，丙纶地毯不及腈纶地毯，几种常用地毯的弹性指标见表3-81
耐燃性	凡燃烧在12 min之内，燃烧面积的直径在17.96 cm以内者则认为耐燃性合格。表3-82为几种地毯燃烧性能的实测值

续上表

项目	内 容
抗静电性	当和有机高分子材料摩擦时，将会有静电产生，而高分子材料具有绝缘性，静电不容易放出，这就使得化纤地毯易吸尘、难清扫，严重时，在上边走动的行人，有触电感觉。因此在生产合成纤维时，常掺入适量具有导电能力的抗静电剂，常以表面电阻和静电压来反映抗静电能力的大小。表 3－83 为几种地毯抗静电性能的实测值
绒毛黏合力	绒毛黏合力是指地毯绒毛在背衬上粘结的牢固程度。化纤簇绒地毯的黏合力以簇绒拔出力来表示，要求圈绒毯拔出力大于 20 N，平绒毯簇绒拔出力大于 12 N。我国上海产簇绒丙纶地毯，黏合力达 63.7 N，高于日本产同类产品 51.5 N 的指标
抗老化性	抗老化性主要是对化纤地毯而言。这是因为化学合成纤维在光照、空气等因素作用下会发生氧化，性能指标明显下降。通常是用经紫外线照射一定时间后，化纤地毯的耐磨次数、弹性以及色泽的变化情况来加以评定的
耐菌性	地毯作为地面覆盖物，在使用过程中，较易被虫、菌侵蚀，引起霉变，凡能经受八种常见霉菌和五种常见细菌的侵蚀，而不长菌和霉变者，认为合格。化纤地毯的抗菌性优于纯毛地毯
防盗性	一种“智能地毯”，它看起来和普通地毯并无二致，却通过铺设在普通地毯下表面的若干传感器和光纤、放置在隐蔽处的微型摄像机和可存储人像信息的微处理器，以及一个语音芯片，组成“智能地毯”的几个关键部件。无论不速之客踩到它的哪个部位，它都能立即通知警卫人员“有人非法进入”，它甚至还能自动拨通电话报警，并记录下非法入室者的体貌，以帮助警察缉拿。 “智能地毯”的工作方式是，当有人踏到它时，下面的传感器就会通过光纤向检测仪传送异常信号，经过检测确认有人进入时，就向摄像机发出工作指令，摄像机再将拍摄到的人的影像信息传送给微机处理器，后者将之与事先存储的“合法者”影像信息进行比较，如果异常，就指示语音芯片向保安人员喊话抓贼，或自动拨通报警电话。 “智能地毯”的优点在于它极强的隐蔽性，适合于保密要求极高的资料室、档案室以及家庭等地面使用

表 3－78 常用地毯耐磨性

面层织造工艺及材料	绒毛高度(mm)	耐磨次数(次)
机织法羊毛	8	2 500
机织法丙纶	10	>10 000
机织法腈纶	10	7 000
机织法涤纶	6	>10 000
簇绒法丙、腈纶	7	5 800

注：地毯耐磨性是用在固定压力下磨损露出底材所磨次数表示，表列为实测结果。

表 3—79 某地产化纤地毯耐磨性

面层织造工艺及材料	绒毛高度(mm)	耐磨性(次)	备注
机织法丙纶	10	>10 000	耐磨次数是指地毯在固定的压力下磨损后露出背衬所需要的次数
机织法腈纶	10	7 000	
机织法腈纶	8	6 400	
机织法腈纶	6	6 000	
机织法涤纶	6	>10 000	
机织法羊毛	8	2 500	

表 3—80 地毯的实测剥离强度

面层织造工艺及材料	剥离强度(N/cm)	面层织造工世及材料	剥离强度(N/cm)
针刺法纯羊毛	>9.8	机织法丙纶(横向)	11.3
簇绒法丙纶(横向)	11.1	簇绒法腈纶(横向)	11.2

注:剥离强度是衡量地毯面层与底衬的结合牢固性,表列为实测结果。

表 3—81 常用地毯弹性指标

地毯面层材料	厚度损失百分率(%)			
	500 次碰撞后	1 000 次碰撞后	1 500 次碰撞后	2 000 次碰撞后
腈纶地毯	23	25	27	28
丙纶地毯	37	43	43	44
羊毛地毯	20	22	24	26
香港羊毛地毯	12	13	13	14

注:地毯回弹性用地毯面层在动力荷载下厚度减少百分率表示的实测结果。

表 3—82 地毯燃烧性能

地毯名称	续燃时间(min/s)	燃烧面积及形状
机织法丙纶地毯	2～23	直径 2.4 cm 的圆
机织法腈纶地毯	1～48	3.0 cm×2.0 cm 的椭圆
机织法涤纶地毯	1～44	3.1 cm×2.4 cm 的椭圆
簇绒法丙纶地毯	10～26	直径 3.6 cm 的圆

表 3—83 地毯抗静电性能

地毯面层材料	表面电阻(Ω)	静电压(V)	地毯面层材料	表面电阻(Ω)	静电压(V)
丙纶地毯	5.80×10^{11}	+60	丙、腈纶地毯	8.50×10^{9}	−15
腈纶地毯	5.45×10^{9}	+16↓+4 放电	涤纶地毯	1.41×10^{11}	−8↓−6 放电

注:衡量地毯带电和放电情况,静电大小与纤维本身导电性有关,静电越大,越易吸尘,除尘越难。表列为实测结果。

(4)地毯性能比较

1)合成地毯纤维性能比较见表3－84。

表3－84 合成地毯纤维性能比较

特性	羊毛	丙纶	腈纶	涤纶	尼龙6	尼龙66
原液染色性	—	★★★	★	★★★	★★★	★★
纤维、纱绒染色	★★	—	★	★	★★★	★★★
弹性恢复率(%)	97	40	65	68	97	97
耐磨性	△	△△	△△	△	★	★★
抗污染性	△	★★ ***	△	△	★	★★
易清洗性	△	△	△	△	★	★★
抗起球性	★	★★	★	☆	★★★	★★★
抗静电性	★→☆	★	★	★	★★★	★★★
抗化学试剂性能	△△	△	△	△	★	★★
阻燃性	★★	△△	△△△	△△	★★	★★
防霉/防蛀	△△	★★	★★	★★	★★	★★

注：☆—一般；★—标；★★—很好；★★★—极好；△—差；△△—很差；△△△—极差；***—去油污困难。

2)天然纤维地毯的基本特点及适用范围见表3－85。

表3－85 天然纤维地毯的基本特点及适用范围

项目	基本特点及适用范围
羊毛地毯	羊毛为天然纤维，毛鳞片锁住的水分使其具有天然抗静电性，但随着空调除湿及地毯的清洁天然抗静电性会消失，而产生静电。 羊毛具有吸水性，易发霉，微生物易滋生，耐磨性差，色牢度差。 无法避免水印的出现。羊毛地毯历史悠久，尤其是手工编织工艺精湛的地毯(图案优美的又称工艺地毯)，其具有极高的使用及收藏价值，现在为高级宾馆及重要场合选择装饰地毯的重要品种
真丝地毯	用天然蚕丝织就，是天然长纤维，闪烁优雅光泽，大多用丝绸机织成，图案精细、典雅，是壁挂毯使用的主要材料，因其纤维为天然蛋白质，遇到酸、碱、热、压易变形，不易清洗与保养

3)天然纤维地毯与合成纤维地毯的质量比较见表3－86。

表3－86 天然纤维地毯与合成纤维地毯的质量比较

项目	防泥沙	防污渍	清洁	抗磨损	弹性	定型表现	褪色性	着色性
天然纤维地毯	良好	普通	良好	普通	良好	良好	良好	良好
合成纤维地毯	良好	良好	良好	优越	优越	优越	良好	优越

4)地毯的规格见表3－87。

表3－87 地毯的规格 (单位:mm)

项目	宽	长	厚	方块毯
纯羊毛地毯	≤4 000	≤25 000	3～22	500×500 914×914 609.6×609.6 457×457
化纤地毯	1 400～4 000	5 000～43 000		

5)地毯的断面形状及适用场所见表3－88。

表3－88 地毯的断面形状及适用场所

名称	断面形状	适用场所
高簇绒		住宅或客房
低簇绒		公共场所
粗毛低簇绒		住宅或公共场所
一般圈绒		公共场所
高低圈绒		公共场所
粗毛簇绒		公共场所
圈、簇绒结合式	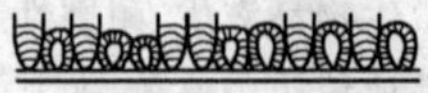	住宅或公共场所

(5)纯毛地毯的分类见表3－89。

表3－89 纯毛地毯的分类

项目	内容
定义	纯毛地毯即羊毛地毯，是以粗绵羊毛为主要原料而制成的；纯毛地毯分手工编织和机织编织

续上表

<table>
<tr><th colspan="2">项目</th><th>内　容</th></tr>
<tr><td colspan="2">手工编织纯毛地毯</td><td>手工编织的纯毛地毯是采用中国特产的优质绵羊毛纺纱，用现代的科学染色技术染出牢固的颜色，用高超和精湛的技巧纺织成瑰丽的图案后，再以专用机械平整毯面或剪凹花整周边，最后用化学方法洗出丝光。
羊毛地毯的耐磨性，一般是由羊毛的质地和用量来决定。用量以每 1 cm^2 羊毛量来衡量，即绒毛密度。对于手工纺织的地毯，一般以“道”的数量来决定其密度，即指垒织方向（自下而上）上 1 英尺内垒织的纬线的层数（每一层又称一道）。地毯的档次亦与道数成正比关系，一般用地毯为 90～150 道，高级装修用的地毯均在 250 道以上，目前最精制的为 400 道地毯。手工地毯具有色泽鲜艳、图案优美、富丽堂皇、柔软舒适、质地厚实、富有弹性、经久耐用等特点，其铺地装饰效果极佳，纯毛地毯的质量多为 1.6～2.6 k/m^2。手工地毯由于做工精细，产品名贵，故售价高，所以一般用于国际性、国家级的大会堂、迎宾馆、高级饭店和高级住宅、会客厅、舞台以及其他重要的、装饰性要求较高的场所</td></tr>
<tr><td colspan="2">手工打结羊毛地毯</td><td>手工打结羊毛地毯按绒簇结类型分为 8 字扣、马蹄扣、双结扣；按地毯组织结构不同分为抽绞地毯和拉绞地毯</td></tr>
<tr><td rowspan="3">手工打结羊毛地毯质量指标</td><td>内在质量</td><td>手工打结羊毛地毯内在质量技术指标，应符合表 3－90 的规定</td></tr>
<tr><td>外观质量</td><td>(1)图案应符合设计要求，主边、主调颜色基本符合标样。
(2)毯面基本平顺光洁，纹样清晰直观。
(3)方形地毯边平直、毯形宽、长度尺寸偏差不大于 1.5%；圆形毯圆度尺寸偏差不大于 1.5%。
(4)毯背基本平整。
(5)底子、底穗技术指标，应符合表 3－91 的规定。
(6)特殊技术要求根据用户需要另订协议</td></tr>
<tr><td>外观质量细则</td><td>(1)颜色基本符合标样：无明显截色、错色、洗花、印色、串色；色头正，洗后脱色（色差）不超过半个色阶。按全国地毯标准化中心统一发行中国地毯毛纱色样本考核。
(2)毯面基本平顺光洁：毯面活坯一致。绒头松散丰满，有光泽。无明显浮毛、起毛、沟岗、长毛、刀花、显道、半截头、污渍。
(3)纹样清晰美观：纹样无明显走形，剪口清晰，深宽度一致，片口坡度适宜。
(4)毯边平直：剪边齐、不溜边、无荷叶边。撩边松紧粗细基本一致，不露边经，不呲边。
(5)毯背基本平整：不显绞口，无凸经、跳纬，无明显沟岗、凸泡及整修痕。无污渍、无破损</td></tr>
<tr><td colspan="2">机织纯毛地毯</td><td>机织纯毛地毯具有毯面平整、光泽好、富有弹性、抗磨耐用、脚感柔软等特点，与化纤地毯相比，其回弹性、抗静电、抗老化、耐燃性都优于化纤地毯。与纯毛手工地毯相比，其性能相似，但价格低于手工地毯。因此，机织纯毛地毯是介于化纤地毯和纯毛手工地毯之间的中档地面装饰材料。</td></tr>
</table>

续上表

项目	内容
机织纯毛地毯	机织纯毛地毯最适合用于宾馆、饭店的客房、楼梯、楼道、会议室、会客室、宴会厅及体育馆、家庭等满铺使用
纯羊毛无纺地毯	近年来我国还发展生产了纯羊毛无纺地毯，是不用纺织或编织方法而制成的纯毛地毯，具有质地优良、消声抑尘，使用方便等特点，这种地毯工艺简单，价格低，但其弹性和耐久性稍差。 我国纯毛地毯的主要规格和性能详见表3－92和表3－93

表3－90　手工打结羊毛地毯内在质量技术指标

序号	项目			单位	技术要求
1	栽绒道数(道数/304.8 mm)允差			%	＋2～－5
2	经头密度(经头数/304.8 mm)允差			%	＋2～－5
3	绒头长度允差			mm	±0.5
4	尺寸	幅宽≤182.9 mm(6 ft)	宽度允差	%	±1.5
			长度允差	%	±2.0
		幅宽＞182.9 mm(6 ft)	宽度允差①	%	±1.2
			长度允差①	%	±1.5
5	毯形	方形地毯允差 圆形地毯允差		%	≤1.2 ≤2.0
6	耐光色牢度；氙弧			级	≥4 ≥3～4(浅)②
7	耐摩擦色牢度		干	级	≥3～4
			湿	级	≥3
8	绒头纱线纯头号毛名义含量③			%	100

① 宽度偏差不得超过$^{+5}_{-3}$ mm，长度偏差不得超过$^{+6}_{-4}$ mm。

②“浅”标定界限为≤1/12标准深度。

③ 纯羊毛含量允许使用不超过5%易于辨认的非羊毛纤维作为图案装饰。

注：304.8 mm为1 ft(英尺)。

表3－91　底子、底穗技术指标

幅宽尺寸	底子高度	底穗长度
≤182.9	2.5±1	8.0±1
＞182.9	3.0±1	9.0±1

表 3-92　机织纯毛地毯的品种和规格

品　　种	毛纱股数	厚度(英寸)	规　　格
A 型机织纯毛地毯	3	5/16	宽 5.5 m 以下,长度不限
B 型机织纯毛地毯	2	5/16	宽 5.5 m 以下,长度不限
机织纯毛麻背地毯	2	3/8	宽 3.1 m 以下,长度不限
机织纯毛楼梯道地毯	3	3/8	宽 3.1 m 以下,长度不限
机织纯毛提花美术地毯	4	3/8	4 英尺×6 英尺;6 英尺×9 英尺;9 英尺×12 英尺
A 型机织纯毛阻燃地毯	3	5/16	宽 5.5 m 以下,长度不限
B 型机织纯毛阻燃地毯	2	1/4	宽 5.5 m 以下,长度不限

表 3-93　纯毛地毯的主要规格和性能

品　　名	规　　格(mm)	性能特点
90 道手工打结羊毛地毯 素式羊毛地毯 艺术挂毯	610×910;3 050×4 270 等各种规格	以优质羊毛加工而成,图案华丽、柔软舒适、牢固耐用
90 道羊毛地毯 120 道羊毛艺术挂毯	厚度:6～15; 宽度:按要求加工; 长度:按要求加工	用上等纯羊毛手工编制而成,经化学处理,防潮、防蛀、图案美观、柔软耐用
90 道机拉洗高级羊毛手工地毯 120、140 道高级艺术挂毯	任何尺寸与形状	产品有北京式、美术式、素凸式以及风景式、京彩式、京美式等
高级羊毛手工栽绒地毯	各种形状规格	以上等羊毛加工而成
羊毛满铺地毯 电针锈枪地毯 艺术壁毯	各种规格	以优质羊毛加工而成。电绣地毯可仿制传统手工地毯图案,古色古香,现代图案富有时代气息,壁毯图案粗犷朴实,风格多样,价格仅为手工编织壁毯的 1/10～1/5
全羊毛手工地毯	各种规格	以优质国产羊毛和新西兰羊毛加工而成,具有弹性好、抗静电、阻燃、隔声、防潮、保暖等优良特点
90 道手工栽绒地毯 提花地毯 艺术挂毯	各种规格	以西宁优质羊毛加工而成
机织纯毛地毯	幅宽:＜5 000 mm 长度:按需要加工	以上等纯毛机织面而成,图案优美,质地优良

续上表

品　　名	规　　格(mm)	性能特点
90 道手工栽绒纯毛地毯	尺寸规格按需要加工	产品有北京式、美术式、彩花式和素凸式
120 道艺术挂毯		图案有秦始皇陵铜车马、大雁塔、半坡纹样、昭陵六骏等

(6)化纤地毯的分类见表 3－94。

表 3－94　化纤地毯的分类

项目		内　　容
定义		化纤地毯以化学纤维为主要原料制成,化学纤维原料有丙纶、腈纶、涤纶、锦纶等。按其织法不同,化纤地毯可分为簇绒地毯、针刺地毯、机织地毯、黏结地毯、编织地毯、静电植绒地毯等多种,其中以簇绒地毯产销量最大。它们的产品标准分别为《簇绒地毯》(GB/T 11746—2008)、《针刺地毯》(QB/T 2792—2006)和《机织地毯》(GB/T 14252—2008)
簇绒地毯的等级及分等规定		簇绒地毯的等级及分等规定:根据《簇绒地毯》(GB 11746—2008)规定,簇绒地毯按其技术要求评定等级,其技术要求分内在质量和外观质量两个方面,具体要求见表 3－95 和表 3－96 的规定。按内在质量评定分合格品和不合格品两个等级,全部达到技术指标为合格品,当有一项不达标时即为不合格品,并不再进行外观质量评定。按外观质量分为优等品、一等品、合格品三个等级。簇绒地毯的最终等级是在内在质量各项指标全部达到的情况下,以外观质量所定的品等作为该产品的等级
机织地毯		机织地毯按组织结构不同分为:威尔顿地毯(代号 W)、阿克明斯特地毯(代号 A)和布鲁塞尔地毯(代号 P)三类
机织地毯质量指标	内在质量	机织地毯内在质量技术指标应符合表 3－97 的规定。 动态负载下的厚度减少只限绒头厚度在 10 mm 以内的地毯。超过 10 mm 时,该项指标由供需双方协议另定。 绒簇拔出力的技术指标对于采用化学水洗工艺生产的机织地毯可由供需双方协议另定
	外观质量	机织地毯外观质量评等规定见表 3－98
	分等规定	(1)机织地毯的品等由内在质量和外观质量结合评定,分为优等品、一等品和合格品三个等级,低于合格品者为等外品。 (2)内在质量评等以批为单位(原料品种和工艺参数相同者为一批)。全部达到表 3－98要求为合格,其中有一项达不到技术指标者为等外品。 (3)外观质量的评等以块(卷)为单位,分为优等品、一等品和合格品。以 10 项疵点中最低的一项品等评定外观质量品等。 (4)产品的最终品等是在内在质量全部合格的条件下,以外观质量的品等确定为该产品的品等

续上表

项目		内　容
针刺地毯		针刺地毯按耐燃性能(水平法、片剂)分为：普通型针刺地毯(不耐燃，P)和耐燃型针刺地毯(N)两类。 每类按毯面结构特征不同分为条纹、花纹、绒面、毡面四个品种
针刺地毯质量指标	内在质量	针刺地毯内在质量技术指标应符合表3－99的规定(只限于纤维含量500 g/m^2 及以上的产品，若低于该限量，供需双方另订协议)
	外观质量	针刺地毯外观质量评等规定应符合表3－100的规定
	分等规定	(1)耐燃型针刺地毯按内在质量技术指标和外观质量分为优等品、一等品、合格品三个等级。低于合格品者为等外品，普通型针刺地毯为合格品或优于合格品时，都评为合格品。 (2)内在质量评等以批为单位(原材料、工艺参数、品种规格相同者为一批)；外观质量评等以卷为单位。 (3)产品的品等由内在质量和外观质量结合评定，最终是以内在质量和外观质量中最低的一项品等定核批产品的等级。 (4)化纤地毯的特点与应用：化纤地毯具有的共同特性是不霉、不蛀、耐腐蚀、耐磨、质轻、富有弹性、脚感舒适、步履轻便、吸湿性小、易于清洗、铺设简便、价格较低等，它适用于宾馆、饭店、招待所、餐厅、住宅居室、活动室及船舶、车辆、飞机等地面的装饰铺设。对于高绒头、高密度、流行色、格调新颖、图案美丽的化纤地毯，还可用于三星级以上的宾馆。机织提花工艺地毯属高档产品，其外观可与手工纯毛地毯媲美。化纤地毯的缺点是：与纯毛地毯相比，存在着易变形、易产生静电以及吸附性和粘附性污染，遇火易局部熔化等问题。我国部分化纤地毯的主要规格和性能见表3－101。 化纤地毯可以摊铺，也可以粘铺在木地板、陶瓷锦砖地面、水泥混凝土及水磨石地面上
	地毯的选用	地毯是比较高级的装饰材料(特别是纯毛地毯)因此应正确、合理地选用、搬运、贮存和使用，以免造成损失和浪费。首先，在订购地毯时，应说明所购地毯的品种，包括图案、材质、颜色、规格尺寸等。如是高级羊毛手工编织地毯，还应说明经纬线的道数、厚度。如有特殊需要，还可自行提出图样颜色及尺寸。如地毯暂时不用，应卷起来，用塑料薄膜包裹，分类贮存在通风、干燥的室内，距热源不得小于1 m，温度不超过40℃，并避免阳光直接照射。大批量地毯的存放不可码垛过高，以防毯面出现压痕，对于纯毛地毯，应定期撒放防虫药物。地毯在使用过程中不得沾染油污、碱性物质、咖啡、茶渍等，如有沾污，应立即清除。对于那些经常行走、践踏或磨损严重的部分，应采取一定的保护措施，或把地毯位置作适当调换使用。在地毯上放置家具时，其接触毯面的部分，最好放置面积稍大的垫片或定期移动家具的位置，以减轻对毯面的压力，以免地毯变形受损

表3－95　簇绒地毯内在质量指标

特性	序号	项　目	单位	技术要求
基本性能	1	外观保持性[1]：六足12 000次	级	≥2.0
	2	绒簇拔出力[2]	N	割绒≥10.0、圈绒≥20.0
	3	背衬剥离强力[3]	N	≥20.0
	4	耐光色牢度[4]：氙弧	级	≥5、≥4(浅)[5]

续上表

特性	序号	项目		单位	技术要求	
基本性能	5	耐摩擦色牢度	干	级	≥3～4	
			湿		≥3	
	6	耐燃性:水平法(片剂)		mm	最大损毁长度≤75 至少7块合格	
结构规格	7	毯面纤维类型及含量		标称值	%	—
		羊毛或尼龙含量		下限允差	%	−5
	8	毯基上单位面积绒头质量、单位面积总质量		标称值	g/m^2	—
				允差	%	±10
	9	毯基上绒头厚度、绒头高度、总厚度		标称值	mm	—
				允差	%	±10
	10	尺寸	幅宽	标称值	m	—
				下限允差	%	−0.5
			卷长	标称值	m	—
				实际长度	m	大于标称值

① 绒头纤维为丙纶或≥50%涤纶混纺簇绒地毯允许低半级。

② 割绒圈绒组合品种,分别测试、判定绒簇拔出力,割绒≥10.0 N、圈绒≥20.0 N。

③ 发泡橡胶背衬、无背衬簇绒地毯,不考核表中背衬剥离强力。

④ 羊毛或≥50%羊毛混纺簇绒地毯允许低半级。

⑤"浅"标定界限为≤1/12标准深度。

注:凡是特性值未作规定的项目,由生产企业提供待定数据。

表3－96 簇绒地毯外观质量评等规定

序号	外观疵点	优等品	一等品	合格品
1	破损(破洞、撕裂、割伤等)	无	无	无
2	污渍(油污、色渍、胶渍等)	无	不明显	不明显
3	毯面折皱	无	无	无
4	修补痕迹、漏补、漏修	不明显	不明显	稍明显
5	脱衬(背衬粘结不良)	无	不明显	不明显
6	纵、横向条痕	不明显	不明显	稍明显
7	色条	不明显	稍明显	稍明显
8	毯面不平、毯边不平直	无	不明显	稍明显
9	渗胶过量	无	无	不明显

续上表

序号	外观疵点	优等品	一等品	合格品
10	脱毛、浮毛	不明显	不明显	稍明显

表 3－97　机织地毯内在质量技术指标

特性	序号	项目		单位	技术要求
基本性能	1	外观保持性①:六足 12 000 次		级	≥2.0
	2	绒簇拔出力		N	≥5.0
	3	耐光色牢度②:氙弧		级	≥5、≥4(浅)③
基本性能	4	耐摩擦色牢度	干	级	≥3－4
			湿		≥3
	5	耐燃性:水平法(片剂)		mm	最大损毁长度≤75 至少七块合格
结构规格	6	毯面纤维类型及含量	标称值	%	—
		羊毛或尼龙含量	下限允差	%	－5
	7	毯基上单位面积绒头质量、单位面积总质量	标称值	g/m²	—
			允差	%	±10
	8	毯基上绒头厚度、绒头高度、总厚度	标称值	mm	—
			允差	%	±10
	9	尺寸　块毯:宽×长	标称值	m	—
			下限允差	%	＋2～－1
		尺寸　满铺地毯　幅宽	标称值	m	—
			允差	%	±1
		尺寸　满铺地毯　卷长	标称值	m	—
			实际长度		大于标称值

① 绒头纤维为丙纶或≥50%涤纶混纺机织地毯允许低半级。

② 羊毛绒≥50%羊毛混纺机织地毯允许低半级。

③ “浅”标定界限为≤1/12 标准深度。

注:1.凡是特性值未做规定的项目,由生产企业提供待定数据。

2.2 500 绒簇结/dm² 及以上的高密度机织地毯,绒簇拔出力指标可以由供需双方协商制定。

表 3－98　机织地毯外观质量评等规定

序号	外观疵点	优等品	一等品	合格品
1	破损(破洞、破边、撕裂等)	无	无	无
2	污渍(油污、色渍、胶渍等)	无	不明显	不明显

续上表

序号	外观疵点	优等品	一等品	合格品
3	错色、错花	不明显	不明显	不明显
4	色条	不明显	不明显	稍明显
5	修补痕迹	不明显	不明显	稍明显
6	毯面不平、毯边不平宜	不明显	不明显	稍明显
7	缺经、纬、缺绒簇	不明显	不明显	不明显
8	锁边、加穗缺陷	无	不明显	不明显
9	渗胶边量	无	不明显	不明显
10	块毯:毯形不正	不明显	不明显	稍明显
11	脱毛、浮毛	不明显	不明显	稍明显

表 3－99　针刺地毯内在质量技术指标

项次	测试项目	单位	技术指标		
			优等品	一等品	合格品
1	动态负载下的厚度减少率①	%	条纹≤35	≤40	≤45
			绒面≤40	≤45	≤50
			毡面≤20	≤25	≤30
2	外观变化(四足)	级	＞3	＞2～3	2
3	单位面积质量下限偏差	%	－8		
4	耐光色牢度(氙弧)	级	≥5	≥5	≥4
5	耐干摩擦色牢度	级	＞3～4	＞3～4	3
6	耐燃性(水平法,片剂)	mm	损毁长度≤75(8 块中至少 7 块合格)		

①花纹型地毯的厚度或结构,具有分别测试的区域,则考核此项,否则不作测试。

表 3－100　针刺地毯外观质量评等规定

项次	疵点项目	优等品	一等品	合格品
1	破损	不允许		
2	污渍	不允许	不明显	不明显
3	条纹、花纹不清晰	不明显	较明显	较明显
4	透胶	不允许	不明显	不明显
5	涂胶不匀	不明显	较明显	较明显
6	毯边不良	不允许	不明显	不明显
7	折痕	不允许	不明显	较明显

续上表

项次	疵点项目	优等品	一等品	合格品
8	烤焦	不允许	不允许	不明显
9	幅宽尺寸下限偏差	不小于规定尺寸	−1.0%	−1.5%

表 3−101　我国部分化纤地毯的主要规格和性能

产品名称	规　格	技术性能
丙纶簇绒地毯 丙纶机织地毯	(1)簇绒地毯： 幅宽：4 m； 长度：15 m/卷、25 m/卷； 花色：平绒、圈绒、高低圈绒； 圈绒采用双色或三色合股的变化绒线。 (2)提花满铺地毯幅宽 3 mm。 (3)提花工艺美术地毯。 1)25 m×1.66 m,1.50 m×1.90 m； 2)70 m×2.35 m,2.00 m×2.86 m； 3)50 m×3.31 m,3.00 m×3.86 m	(1)族绒地毯绒毛黏合力： 圈绒：25 N； 平绒：10 N； 圈绒头单位质量：800 g/cm²； 干断裂强度：经向＞500 N,纬向＞300 N； 日晒色牢度：≥4 级。 (2)提花地毯： 干断裂强度：经向≥400 N,纬向≥300 N； 日晒色牢度：＞4 级
丙纶针刺地毯	卷装： 幅宽：1 m； 长度：10～20 m/卷； 方块：500 mm×500 mm； 花色：素色、印花； 颜色：6 种标准色	断裂强力(N/5cm)： 经向：≥800； 纬向：≥300。 耐燃性：难燃，不扩大。 水浸：全防水。 酸碱腐蚀：无变形
丙纶、腈纶簇绒地毯	绒高：7～10 mm； 幅度：1.4 m、1.6 m、1.8 m、2.0 m； 长度：20 m/卷； 单位质量：丙纶 1 450 g/cm²； 腈纶：1 850 g/cm²； 颜色：丙纶地毯，绿肥墨绿、果绿、紫红、棕黑	绒毛黏合力(N)： 丙纶地毯：38； 腈纶地毯：37。 横向耐磨(次)： 丙纶地毯：2 690； 腈纶地毯：2 500。 耐燃性燃烧时间：2 min。 燃烧面积：直径 2 cm 圆孔
涤纶机织地毯(环球牌)	花色：提花、素色。 提花地毯： 厚：12～13 mm； 幅宽：4 m。 素色地毯： 厚：9～10 mm； 幅宽：1.3 m	纺织牢度：经上百万次脚踏不易损坏。 耐热温度：−25℃～48℃。 收缩率：0.5%～0.8%。 背衬剥离强度：0.05 MPa

(7)弹性衬垫的相关内容见表3－102。

表3－102　弹性衬垫的相关内容

项目	内　容
定义	又称海绵衬垫，具有隔热防潮，增强地面弹性等作用，常用幅宽1.3 m，幅长20 m，厚度3～5 mm
结构	衬垫的结构形式很多，主要有平板型和非平板型
分类	按衬垫性能可分为A类和B类。 A类：用于家庭的卧室、居室和客厅等。 B类：用于公共场合，如会议厅、宾馆走廊等
规格尺寸	衬垫的具体规格尺寸应由供需双方协议规定。厚度应大于3 mm(非平板型衬垫厚度包括花纹高度)，宽度偏差不超过±20 mm
技术要求	衬垫的物理机械性能。 (1)A类衬垫应符合表3－103的规定。 (2)B类衬垫应符合表3－104的规定。 (3)非平板型衬垫不做密度检验
	各等级衬垫的表面质量，应符合表3－105的规定
	衬垫的颜色、结构由供需双方商定

表3－103　A类衬垫的物理机械性能

性能项目		指　标	
		一等品	合格品
每平方米衬垫质量(kg/m²)		≥1.3	≥1.3
密度(kg/m³)		≥270	≥270
压缩应力(kPa)		≥21	≥21
压缩永久变形(%)		≤15	≤20
热空气老化	(135℃±2℃)×24 h	弯曲后不折断	—
	(100℃±1℃)×24 h	—	弯曲后不折断
拉伸强度(MPa)		≥5.5×10^{-2}	≥5.5×10^{-2}

表3－104　B类衬垫的物理机械性能

性能项目	指　标	
	一等品	合格品
每平方米衬垫质量(kg/m²)	≥1.6	≥1.6
密度(kg/m³)	≥320	≥320

续上表

性能项目		指标	
		一等品	合格品
压缩应力(kPa)		≥31	≥31
压缩水久变形(%)		≤15	≤20
热空气老化	(135℃±2℃)×24 h	弯曲后不折断	—
	(100℃±1℃)×24 h	—	弯曲后不折断
拉伸强度(MPa)		$\geqslant 5.5\times10^{-2}$	$\geqslant 5.5\times10^{-2}$

表 3－105 衬垫表面质量

缺陷名称	标准
欠梳	不允许
扁泡	每处面积不大于 100 m^2,每 3 m^2 允许有两处
接头	对接平整,不允许脱层开缝
边缘不齐	每 5 m 长度内,每侧不得偏离边缘基准线±10 mm

(8)配件的相关内容见表 3－106。

表 3－106 配件的相关内容

项目	内容
烫带	又称接缝胶带,用于地毯拼缝粘合用
纸胶带	用作衬垫接缝黏合用
木(金属)卡条	又称倒刺板,用作固定地毯用。常用规格为:宽 25 mm,厚 3～5 mm,长 1 500～1 800 mm。木卡条上钉 2～3 排朝天小钉,小钉与水平面约成 60°左右倾角,如图 3－11 所示
收口条	用在不同材质地面相接部位,起地毯收口和固定毯边作用,如图 3－12 所示
胶黏剂	应使用无毒(应符合现行国家标准《民用建筑工程室内环境污染控制规范》(GB 50325—2010)的规定)、无味、无霉、快干,黏结能力以粘贴的地毯揭下时,基层不留痕迹而地毯又不被扯破为度
地毯门垫配套边框	(1)地毯门垫配套边框规格如图 3－13 所示。 (2)地毯门垫配套边框的规格和材料,见表 3－107
其他材料	如钢钉、楼梯防滑条、铜或不锈钢的镶边条等

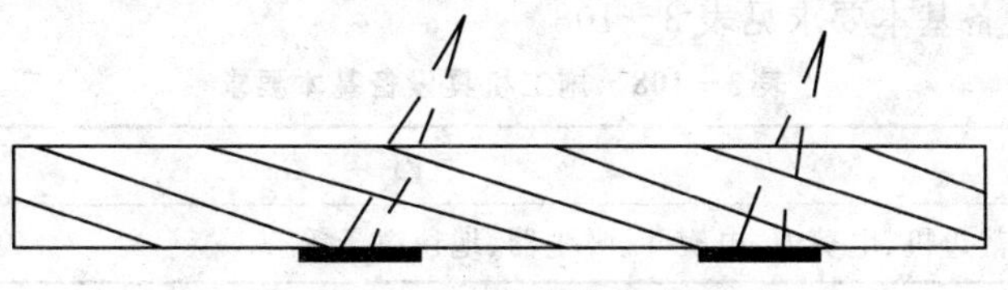

图 3－11 木卡条示意

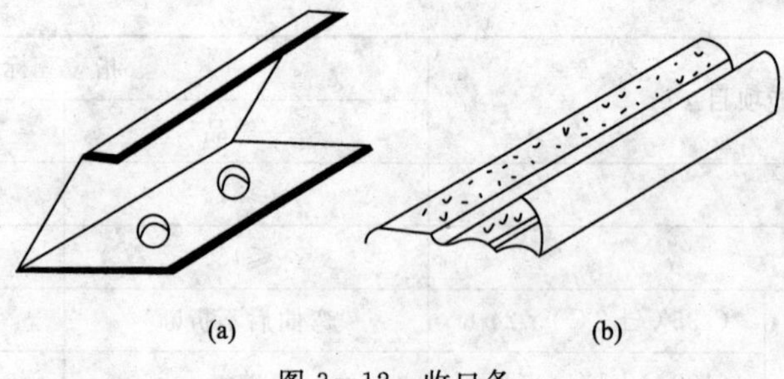

图 3－12　收口条

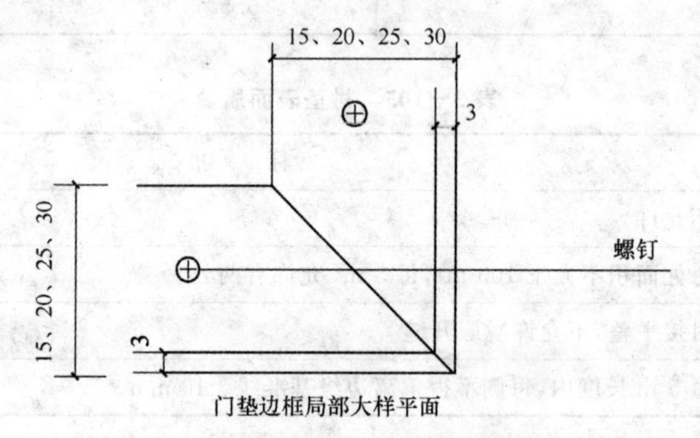

图 3－13　地毯门垫配套边框规格(单位:mm)

表 3－107　地毯门垫配套边框的规格和材料　　(单位:mm)

材　料	宽　度	高　度	厚　度
铝合金	15	15	3
黄铜	20	20	3
	25	25	3
	30	30	3
不锈钢	20	20	3
	25	25	3
	30	30	3

三、施工机械要求

(1)施工机具设备基本要求见表 3－108。

表 3－108　施工机具设备基本要求

项目	内　容
主要机具	裁边机、电剪刀、电熨斗、吸尘器、地毯撑子等

续上表

项目	内　容
设备要求	应按施工组织设计或专项施工方案的要求选用满足施工需要的噪声和能耗低的环保型设备和用具
张紧器（地毯撑子）	有脚蹬子和手拉两种，使用脚蹬张紧器的目的是将地毯向纵、横向伸展一下，使地毯在使用过程中遇到较大的推力时也不致隆起，保持平整服贴，使用张紧器时的张紧方向由地毯中心线向外拉开张紧固定。手拉张紧器一般与脚蹬张紧器配合使用，较多是用于纵向敷设地毯时，尤其是较长地毯的纵向张紧

(2)施工机具设备见表3－109。

表3－109　施工机具设备

项目	内　容
工具	壁纸刀、裁毯刀、割刀、剪刀、尖嘴钳子、手捶、扁铲、钢丝刷、扫帚、墨斗、尼龙线等
计量检测用具	直角尺、直尺、钢尺、水平尺等
安全防护用品	安全帽、口罩、橡胶手套等

四、施工工艺解析

(1)地毯面层施工见表3－110。

表3－110　地毯面层施工

项目	内　容
基层处理	铺设地毯的基层，一般是水泥地面，也可以是木地板或其他材质的地面。要求表面平整、光滑、洁净。如为水泥地面，应具有一定的强度，含水率不大于8%，表面平整偏差不大于4 mm
找规矩	要严格按照设计图纸对各个不同部位和房间的具体要求进行弹线、套方、分格，如图纸有规定和要求时，则严格按图施工，如图纸没具体要求时，应对正找中并弹线，便可定位铺设
地毯剪裁	地毯裁剪应在比较宽阔的地方集中进行。一定要精确测量房间尺寸，并按房间和所用地毯型号逐一登记编号，然后根据房间尺寸、形状，用裁边机断下地毯料，每段地毯的长度要比房间长出2 mm左右，宽度要以裁去地毯边缘线后的尺寸计算。弹线裁去边缘部分，然后以手推裁刀从毯背裁切，裁好后卷成卷编上号，放入对号房间里，大面积房厅应在施工地点剪裁拼缝

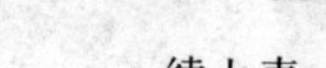

续上表

项目	内　　容
钉倒刺板挂毯条	沿房间或走道四周踢脚板边缘，用高强水泥钉将倒刺钉在基层上(钉朝向墙的方向)，其间距约 400 mm 左右。倒刺板应离开踢脚板面 8～10 mm，以便于钉牢倒刺板
铺设衬垫	将衬垫采用点粘法刷环保专用胶 903 胶，粘在地面基层上，要离开倒刺板 10 mm 左右
铺设地毯	(1)缝合地毯：将裁好的地毯虚铺在垫层上，然后将地毯卷起，在拼接处缝合。缝合完毕，用塑料胶纸贴于缝合处，保护接缝处不被划破或勾起，然后将地毯平铺，用弯针在接缝处做绒毛密实的缝合。 (2)拉伸与固定地毯：先将地毯的一条长边固定在倒刺板上，毛边掩到踢脚板下，用地毯撑子拉伸地毯。拉伸时，用手压住地毯撑，用膝撞击地毯撑，从一边一步一步推向另一边。如一遍未能拉平，应重复拉伸，直至拉平为止。然后将地毯固定在另一条倒刺板上，掩好毛边。长出的地毯，用裁割刀割掉。一个方向拉伸完毕，再进行另一个方向的拉伸，直至四个边都固定在倒刺板上。 (3)用胶黏剂黏结固定地毯：此法一般不放衬垫(多用于化纤地毯)，先将地毯拼缝处衬一条 10 cm 宽的麻布带，用胶黏剂粘贴，然后将胶黏剂涂刷在基层上，适时黏结、固定地毯。此法分为满粘和局部黏结两种方法。宾馆的客房和住宅的居室可采用局部黏结，公共场所宜采用满粘。 (4)铺粘地毯：先在房间一边涂刷胶黏剂后，铺放已预先裁割的地毯，然后用地毯撑子向两边撑拉，再沿墙边刷两条胶黏剂，将地毯压平掩边
细部处理及清理	要注意门口压条的处理和门框、走道与门厅，地面与管根、暖气罩、槽盒，走道与卫生间门坎，楼梯踏步与过道平台，内门与外门，不同颜色地毯交接处和踢脚板等部位地毯的套割、固定和掩边工作，必须黏结牢固，不应有显露、后找补条等破活。地毯铺设完毕，固定收口条后，应用吸尘器清扫干净，并将地毯面上脱落的绒毛等彻底清理干净

(2)活动地板面层的成品保护及应注意的质量问题见表 3－111。

表 3－111　活动地板面层的成品保护及应注意的质量问题

项目	内　　容
成品保护	(1)要注意保护好上道工序已完成的各分项分部工程成品的质量。在运输和施工操作中，要注意保护好门窗框扇，特别是铝合金门窗框扇、墙纸踢脚板等成品不遭损坏和污染。应采取保护和固定措施。 (2)地毯等材料进场后，要注意堆放、运输和操作过程中的保管工作，应避免风吹雨淋，要防潮、防火、防人踩物压等，应设专人加强管理。 (3)要注意倒刺板挂毯条和钢钉等的使用和保管工作，尤其要注意及时回收和清理截断下来的零头、倒刺板、挂毯条和散落的钢钉，避免发生钉子扎脚、划伤地毯和把散落的钢钉铺垫在地毯垫层和面层下面，否则必须返工取出重铺。 (4)每道工序施工完毕，应及时清理地毯上的杂物，及时清擦被操作污染的部分

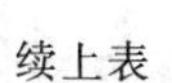

续上表

项目	内　　容
应注意的质量问题	(1)压边黏结产生松动及发霉等现象:地毯、胶黏剂等材质、规格、技术指标、要有产品出厂合格证,必要时复试。并事先做好试铺工作。 (2)地毯表面不平,起皱、鼓包等:主要问题发生在铺设地毯这道工序,未认真按照操作工艺中的缝合、拉伸与固定、用胶黏剂黏结固定等要求去做所致。 (3)拼缝不平,不实:尤其是地毯与其他地面的收口或交接处,例如门口、过道与门厅、拼花及变换材料等部位,往往容易出现拼缝不平、不实。因此在施工时要特别注意上述部位的基层本身接槎是否平整,如严重者应返工处理,如问题不太大,可采取加衬垫的方法用胶黏剂把衬垫粘牢,同时要把面层和垫层拼缝处黏合好,要严密、紧凑、结实,并满刷胶黏剂粘牢固。 (4)涂刷胶黏剂时由于不注意,往往容易污染踢脚板、门框扇及地弹簧等,应认真精心操作,并采取轻便可移动的保护挡板或随污染随时清擦等措施保护成品。 (5)暖气片、空调回水和立管根部以及卫生间与走道应设有防水坎等,防止渗漏,以免将已铺设好的地毯成品泡湿损坏

第四章　木、竹面层铺设

第一节　实木地板面层

一、验收条文

(1)木、竹面层的允许偏差应符合表4－1的规定。

表4－1　木、竹面层的允许偏差和检验方法　　(单位:mm)

项次	项目	允许偏差				检验方法
		实木地板面层			实木复合地板、中密度(强化)复合地板面层、竹地板面层	
		松木地板	硬木地板	拼花地板		
1	板面缝隙宽度	1.0	0.5	0.2	0.5	用钢尺检查
2	表面平整度	3.0	2.0	2.0	2.0	用2 m靠尺和楔形塞尺检查
3	踢脚线上口平齐	3.0	3.0	3.0	3.0	拉5 m通线,不足5 m拉通线和用钢尺检查
4	板面拼缝平直	3.0	3.0	3.0	3.0	
5	相邻板材高差	0.5	0.5	0.5	0.5	用钢尺和楔形塞尺检查
6	踢脚线与面层的接缝	1.0				楔形塞尺检查

(2)实木地板面层施工质量验收标准见表4－2。

表4－2　砖面层施工质量验收标准

项目	内　容
主控项目	(1)实木地板、竹地板面层采用的地板、铺设时的木(竹)材含水率、胶粘剂等应符合设计要求和国家现行有关标准的规定。 检验方法:观察检查和检查型式检验报告、出厂检验报告、出厂合格证。 检查数量:同一工程、同一材料、同一生产厂家、同一型号、同一规格、同一批号检查一次。 (2)实木地板、竹地板面层采用的材料进入施工现场时,应有以下有害物质限量合格的检测报告:

续上表

项目	内　容
主控项目	1)地板中的游离甲醛(释放量或含量); 2)溶剂型胶粘剂中的挥发性有机化合物(VOC)、苯、甲苯十二甲苯; 3)水性胶粘剂中的挥发性有机化合物(VOC)和游离甲醛。 检验方法:检查检测报告。 检查数量:同一工程、同一材料、同一生产厂家、同一型号、同一规格、同一批号检查一次。 (3)木搁栅、垫木和垫层地板等应做防腐、防蛀处理。 检验方法:观察检查和检查验收记录。 检查数量:按《建筑地面工程施工质量验收规范》(GB 50209—2010)中第3.0.21条规定的检验批检查。 (4)木搁栅安装应牢固、平直。 检验方法:观察、行走、钢尺测量等检查和检查验收记录。 检查数量:按《建筑地面工程施工质量验收规范》(GB 50209—2010)中第3.0.21条规定的检验批检查。 (5)面层铺设应牢固;黏结应无空鼓、松动。 检验方法:观察、行走或用小锤轻击检查。 检查数量:按《建筑地面工程施工质量验收规范》(GB 50209—2010)中第3.0.21条规定的检验批检查
一般项目	(1)实木地板面层应刨平、磨光,无明显刨痕和毛刺等现象;图案应清晰、颜色应均匀一致。 检验方法:观察、手摸和行走检查。 检查数量:按《建筑地面工程施工质量验收规范》(GB 50209—2010)中第3.0.21条规定的检验批检查。 (2)竹地板面层的品种与规格应符合设计要求,板面应无翘曲。 检验方法:观察、用2 m靠尺和楔形塞尺检查。 检查数量:按《建筑地面工程施工质量验收规范》(GB 50209—2010)中第3.0.21条规定的检验批检查。 (3)面层缝隙应严密;接头位置应错开,表面应平整、洁净。 检验方法:观察检查。 检查数量:按《建筑地面工程施工质量验收规范》(GB 50209—2010)中第3.0.21条规定的检验批检查。 (4)面层采用粘、钉工艺时,接缝应对齐,粘、钉应严密;缝隙宽度应均匀一致;表面应洁净,无溢胶现象。 检验方法:观察检查。 检查数量:按《建筑地面工程施工质量验收规范》(GB 50209—2010)中第3.0.21条规定的检验批检查。 (5)踢脚线应表面光滑,接缝严密,高度一致。 检验方法:观察和用钢尺检查。

续上表

项目	内　　容
一般项目	检查数量:按《建筑地面工程施工质量验收规范》(GB 50209—2010)中第3.0.21条规定的检验批检查。 (6)实木地板、竹地板面层的允许偏差应符合表4－1的规定。 检验方法:按表4－1中的检验方法检验。 检查数量:按《建筑地面工程施工质量验收规范》(GB 50209—2010)中第3.0.21条规定的检验批和第3.0.22条规定的检验

二、施工材料要求

(1)实木地板面层材料选用的基本要求见表4－3。

表4－3　实木地板面层材料选用的基本要求

项目	内　　容
体现我国经济技术政策	建筑地面施工应体现我国的经济技术政策,在符合设计要求和满足使用功能的条件下,应充分采用地方材料,合理利用、推广工业废料,优先选用国产材料,尽量节约资源性原材料,做到技术先进、经济合理、控制污染、卫生环保、确保质量、安全适用
符合施工规范、规定	建筑地面各构造层所采用的原材料、半成品的品种、规格、性能等,应按设计要求选用,除应符合施工规范外,尚应符合现行国家、行业和有关产品材料标准和相关环境管理的规定
进场材料	进场材料应有中文质量合格证书、产品性能检测报告、相应的环境保护参数,对重要材料应有复验报告,并经监理部门检查确认合格后方可使用,以控制材料质量和环境因素
胶黏剂等建材产品的选用	胶黏剂、沥青胶结料和涂料等建材产品应按设计要求选用,并应符合现行国家标准《民用建筑工程室内环境污染控制规范》(GB 50325—2010)的规定,以控制对人体直接的危害 民用建筑工程室内装修中所采用的水性涂料、水性胶黏剂、水性处理剂必须有总挥发性有机化合物(TVOC)和游离甲醛含量检测报告;溶剂型涂料、溶剂型胶黏剂必须有总挥发性有机化合物(TVOC)、苯、游离甲苯二异氰酸酯(TDI)(聚氨酯类)含量检测报告,并应符合要求。材料采购时,尽量选用环保型材料,严禁选用国家明令淘汰和有害物质超标的产品

(2)实木地板的材料要求见表4－4。

表 4—4 实木地板的材料要求

项目	内容
分类	实木地板有榫接地板、平接地板、镶嵌地板(铝丝榫接镶嵌地板、胶纸或胶网平接地板)3类
分等	根据产品外观质量、物理力学性能分为优等品、一等品和合格品
外观质量要求	实木地板的外观质量要求见表 4－5
实木地板加工精度	(1)尺寸及偏差见表 4－6。 (2)形状位置偏差见表 4－7
物理力学性能指标	实木地板物理力学性能指标,见表 4－8
含水率限值	实木地板含水率限值,见表 4－9
包装、标志、运输和贮存	(1)包装:产品入库时应按树种、规格、批号、等级、数量分类,用聚乙烯吹塑薄膜密封后装入硬纸板箱内或装入包装袋内,同时装入产品质量检验合格证,外用聚乙烯或聚丙烯塑料打扎带捆扎。对包装有特殊要求时,可由供需双方商定。 (2)标志:产品包装箱或包装袋外表应印有或贴有清晰且不易脱落的标志,用中文注明生产厂名、厂址、执行标准号、产品名称、规格、木材名称、等级、数量(m^2)和批次号等标志。 (3)运输和贮存:产品在运输和贮存过程中应平整堆放,防止污损、潮湿、雨淋,应防晒、防水、防火、防虫蛀

表 4—5 实木地板外观质量要求

名称	表面			背面
	优等品	一等品	合格品	
活节	直径≤10 mm 地板长度≤500 mm,≤5 个; 地板长度>500 mm,≤10 个	10 mm<直径≤25 mm 地板长度≤500 mm,≤5 个; 地板长度>500 mm,≤10 个	直径≤25 mm 个数不限	尺寸与个数不限
死节	不许有	直径≤3 mm 地板长度≤500 mm,≤3 个; 地板长度>500 mm,≤5 个	直径≤5 mm 个数不限	直径≤20 mm 个数不限
蛀孔	不许有	直径≤0.5 mm ≤5 个	直径≤2 mm ≤5 个	不限
树脂囊	不许有		长度≤5 mm 宽度≤1 mm ≤2 条	不限
髓斑	不许有	不限		不限

续上表

名称	表面			背面
	优等品	一等品	合格品	
腐朽	不许有			初腐且面积≤20%，不剥落，也不能捻成粉末
缺棱	不许有			长度≤地板长度的30%，宽度≤地板宽度的20%
裂纹	不许有	宽度≤0.15 mm，长度≤地板长度的2%		不限
加工波纹	不许有	不明显		不限
榫舌残缺	不许有	残榫长度≤地板长度的15%，且残榫宽度≥榫舌宽度的2/3		
漆膜划痕	不许有	不明显		—
漆膜鼓泡	不许有			—
漏漆	不许有			—
漆膜上针孔	不许有	直径≤0.5 mm，≤3个		—
漆膜皱皮	不许有			—
漆膜粒子	地板长度≤500 mm，≤2个；地板长度>500 mm，≤4个，倒角上漆膜粒子不计		地板长度≤500 mm，≤4个；地板长度>500 mm，≤6个	—

注：1.不明显——正常视力在自然光下，距地板0.4 m，肉眼观察不易辨别。

2.榫舌残榫长度是指榫舌累计残榫长度。

表4－6 实木地板的主要尺寸及偏差 （单位：mm）

名称	偏差
长度	公称长度与每个测量值之差绝对值≤1
宽度	公称宽度与平均宽度之差绝对值≤0.30，宽度最大值与最小值之差≤0.30
厚度	公称厚度与平均厚度之差绝对值≤0.30，厚度最大值与最小值之差≤0.40
槽最大高度和榫最大厚度之差	0.1～0.4

表4－7 实木地板的形状位置偏差

名称	偏差
翘曲度	宽度方向凸翘曲度≤0.20%，宽度方向凹翘曲度≤0.15%
	长度方向凸翘曲度<1.00%，长度方向凹翘曲度≤0.50%

续上表

名　称	偏　差
拼装离缝	最大值≤0.4 mm
拼装高度差	最大值≤0.3 mm

表 4－8　实木地板的物理力学性能指标

名称	单位	优等	一等	合格
含水率	%	7.0≤含水率≤我国各使用地区的木材平衡含水率		
		同批地板试样间平均含水率最大值与最小值之差不得超过 4.0，且同一板内含水率最大值与最小值之差不得超过 4.0		
漆膜表面耐磨	g/(100 r)	≤0.08	≤0.10	≤0.15
		漆膜未磨透		
漆膜附着力	级	≤1	≤2	≤3
漆膜硬度	—	≥2H	≥H	

表 4－9　实木地板的含水率限值

地区类别	包括地区	面层板含水率(%)	毛地板含水率(%)
Ⅰ	包头、兰州以西的西北地区和西藏自治区	10	12
Ⅱ	徐州、郑州、西安及其以北的华北地区和西北地区	12	15
Ⅲ	徐州、郑州、西安以南的中南、华东和西南地区	15	18

(3)其他材料的技术性能指标见表 4－10。

表 4－10　其他材料的技术性能指标

项目	内　容
硬木踢脚线规格	(长×宽×厚)2 000 mm×150 mm×20 mm。木材含水率不得大于 12%，背面抽凹槽，并满涂防腐剂，花纹和颜色应与面层地板一致，还有配套使用的三角线条等，均应有商品质量合格证。宜选用免刨免漆产品
毛地板	杉木，木材含水率不得大于 12%，宽度和厚度按设计要求加工成高低缝，板面应刨平，并应经防腐、防蛀或经防火处理
木搁栅、垫木、撑木	红、白松，其含水率不得大于 13%。断面尺寸按设计要求加工，要求上、下两面刨平，并应经防腐、防蛀或经防火处理

续上表

项目	内　　容
胶黏剂	以聚丙烯酸树脂为基料的乳液8123胶黏剂，以溶液聚合的聚醋酸乙树脂为基料的4115建筑胶黏剂等。要求具有耐老化、防水、防菌和无毒、无味等性能的材料，并应有质量合格证明、产品说明书和检测报告
隔热、隔音材料	膨胀珍珠岩、矿渣棉、护渣等。要求干燥无潮，并有含水率检测报告
其他材料	弹性橡胶垫、防潮纸、防锈漆、地板漆、地板蜡、厚铝片、薄型铜盖条、铁钉、气钉或无头钉等

三、施工机械要求

(1)施工机具设备基本要求见表4－11。

表4－11　施工机具设备基本要求

项目	内　　容
主要机械	多功能木工机床、刨地板机、磨地板机、平刨、压刨、小电锯、电锤等
设备要求	电动工具应选择低耗能低噪声产品，如：冲击钻；手枪钻ϕ6 mm；手提电圆锯；小电锯、平刨、压刨、台钻、地板磨光机
设备保养	电动工具要及时维修、保养，避免使用运作状态不好的设备而加大能耗和噪声污染

(2)施工机具设备见表4－12。

表4－12　施工机具设备

项目	内　　容
工具	斧子、冲子、凿子、手锯、手刨、锤子、墨斗、錾子、扫帚、钢丝刷、气钉枪、割角尺等
计量检测用具	水准仪、水平尺、方尺、钢尺、靠尺等

(3)电锯构造及其性能见表4－13。

表4－13　电锯构造及其性能

项目	内　　容
定义	电锯是对木材、纤维板、塑料和软电缆切割的工具。便携式木工电锯(图4－1)质量轻、效率高，是装饰施工最常用的

续上表

项目	内　容
定义	图 4－1　便携式木工电锯
构造	手提式圆锯由电机、锯片、锯片高度定位装置和防护装置组成。选用不同锯片切割相应材料，可以大大提高效率
技术性能	电圆锯规格及部分国内外产品性能见表 4－14～表 4－17

表 4－14　电圆锯规格

规格(mm)	额定输出功率(W)	额定转矩(N·m)	最小锯割深度(mm)	最大调节角度
160×30	≥450	≥2.00	≥50	≥45°
200×30	≥560	≥2.50	≥65	≥45°
250×30	≥710	≥3.20	≥85	≥45°
315×30	≥900	≥5.00	≥105	≥45°

注：表中规格指可使用的最大锯片外径×孔径。

表 4－15　部分国产电圆锯性能表

型号	锯片尺寸(mm)	最大锯深(mm)	额定电压(V)	输入功率(W)	空载转速(r/min)	质量(kg)
回 M1Y－200	200×25×1.2	65	220	1 100	5 000	6.8
回 M1Y－250	250×25×1.5	85	220	1 250	3 400	—
回 M1Y－315	315×30×2	105	220	1 500	3 000	12
回 M1Y－160	160×20×1.4	55	220	800	4 000	2.4

表 4－16　博士牌电圆锯性能表

型号	锯片直径(mm)	最大锯深(mm)		输入功率(W)	空转速率(r/min)	质量(kg)
		90°	45°			
PKSF54	160	54	35	900	5 000	3.6
GKS6	165	55	44	1 100	4 800	4.1

续上表

型号	锯片直径(mm)	最大锯深(mm)		输入功率(W)	空转速率(r/min)	质量(kg)
		90°	45°			
GKS7	184	62	49	1 400	4 800	4.1
GKS85S	230	85	60	1 700	4 000	3.5

表 4-17 日本牧田牌电圆锯规格

型号	锯片直径(mm)	最大锯深(mm)		空载转速(r/min)	额定输入功率(W)	全长(mm)	净重(kg)
		90°	45°				
5600 NB	160	66	36	4 000	800	250	3
5800 NB	180	64	43	4 500	900	272	3.6
5007 B	185	61.5	48	5 800	1 400	295	5.2
5008 B	210	74	58	5 200	1 400	310	5.3
5900 B	235	84	58	4 100	1 750	3 700	7
5201 N	260	97	64	3 700	1 750	445	8.3
SR2600	266	100	73	4 000	1 900	395	8
5103 N	335	128	91	2 900	1 750	505	10
5402	415	157	106	2 200	1 750	615	14

(4)电刨构造及其性能见表 4-18。

表 4-18 电刨构造及其性能

项目	内容
定义	手提式电刨(图 4-2)是用于刨削木材表面的专用工具。体积小、效率高,比手工刨削提高工效 10 倍以上。同时刨削质量也容易保证,携带方便。广泛应用于木装饰作业
构造	手提电刨由电机、刨刀、刨刀调整装置和护板等组成
技术性能	电刨规格和部分国内外电刨技术性能见表 4-19～表 4-21

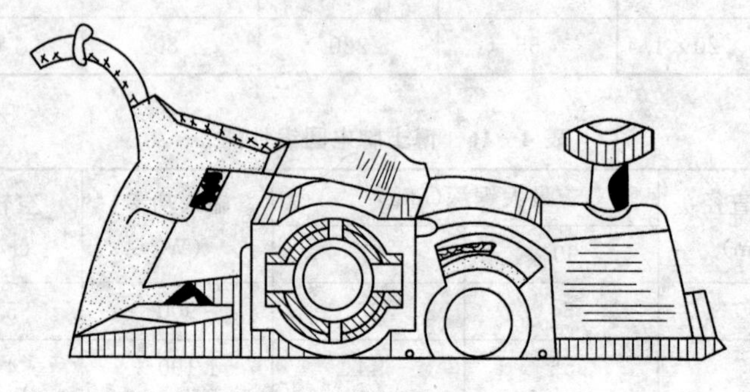

图 4-2 手提式电刨

表 4－19　电刨规格

刨削宽度(mm)	刨削深度(mm)	额定输出功率(W)	额定转矩(N·m)
60	1	≥180	≥0.16
80	1	≥250	≥0.22
80	2	≥320	≥0.30
80	3	≥370	≥0.35
90	2	≥370	≥0.35
90	3	≥420	≥0.42
100	2	≥420	≥0.42

表 4－20　部分国产电刨性能表

型号	刨削宽度(mm)	最大刨削厚度(mm)	额定电压(V)	额定功率(W)	转速(r/min)	质量(kg)
回 M1B－60/1	60	1	220	430	>9 000	—
回 M1B－80/1	80	1	20	600	>8 000	—
回 $M1B_3$－90/2	90	2	220	670	>7 000	—
回 M1B－80/2	80	2	220	647	10 000	5
回 M1B－80/2	80	2	220	480	7 400	2.8

表 4－21　日本牧田牌电刨规格

型号	刨削宽度(mm)	最大刨深(mm)	空载转或(r/min)	额定输入功率(W)	全长(mm)	净重(kg)
1100	82	3	16 000	750	415	4.9
1901	82	1	16 000	580	295	2.5
1900B	82	1	16 000	580	290	2.5
1923B	82	1	16 000	600	293	2.9
1923H	82	3.5	16 000	850	294	3.5
1911B	110	2	16 000	940	355	4.2
1804N	136	3	16 000	960	445	7.8

(5)地板刨平和磨光机构造及其性能见表 4－22。

表 4－22 地板刨平和磨光机构造及其性能

项目	内容
定义	地板刨平机(图 4－3)用于木地板表面粗加工,保证安装的地板表面初步达到平整,是进一步磨光和装饰的机具。地板精磨由磨光机(图 4－4)来完成
构造	地板刨平机和磨光机分别由电动机、刨刀滚筒、磨削滚筒、刨刀、机架等部分组成
技术性能	部分国内生产的地板刨平机和磨光机技术性能见表 4－23

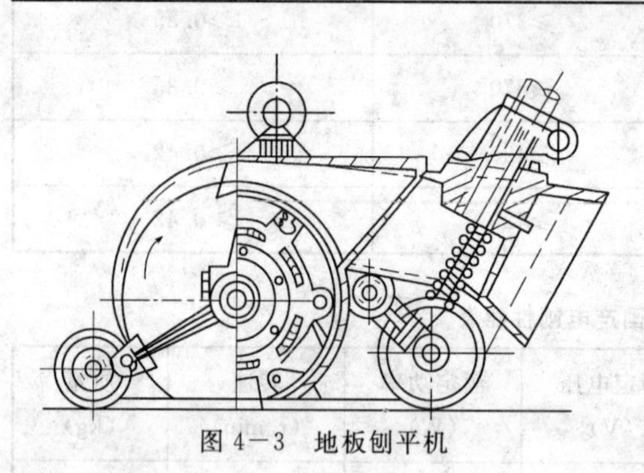
图 4－3 地板刨平机

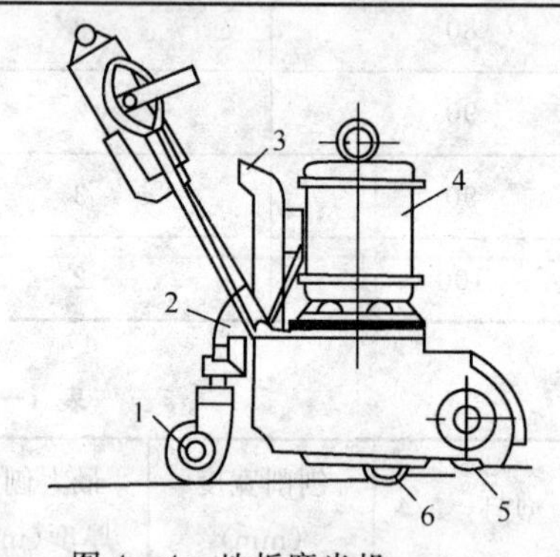

图 4－4 地板磨光机

1—后滚轮;2—托座;3—排泄管;4—电动机;5—磨削滚筒;6—前滚轮

表 4－23 地板刨平和磨光机性能表

型号指标	刨平机		磨光机	
	0－1 型	北京型	25 m^2/h	32.5 m^2/h
工作能力(m^2/h)	17～28	12～15	20～30	30～35
刨刀数量(片)	3	4	—	—
加工宽度(mm)	326	325	200	—
滚筒转速(mm)	2 900	2 880	720	1 100
切削厚度(mm)	3	—	—	—
电动机功率(kW)	1.9	3(HP)	2(HP)	1.7(HP)
转速(r/min)	2 900	1 400	1 440	1 420
机重(kg)	107	108	—	—

(6)电动打蜡机构造及其性能见表 4－24。

表 4－24 电动打蜡机构造及其性能

项目	内容
构造	电动打蜡机(图 4－5)用于木地板、石材或锦面地板的表面打蜡,它由电机、圆盘棕刷(或其他材料)、机壳等部分组成。工作开关安装在执手柄上,使用时靠把手的倾、抬来调节转动方向

续上表

项目	内　容
使用方法	地板打蜡分三遍进行，首先是去除地板污垢，用拖布擦洗干净，干透；接着上一遍蜡，用抹布把蜡均匀涂在地板上，并让其吃透；稍干后，用打蜡机来回擦拭，直至蜡涂后均匀、光亮
意大利马首牌电动打蜡机（手提式）性能	意大利马首牌电动打蜡机（手提式）性能为：输入功率 800～1 200 W；无负载转速 1 800～3 000 r/min；规格 ϕ170 mm

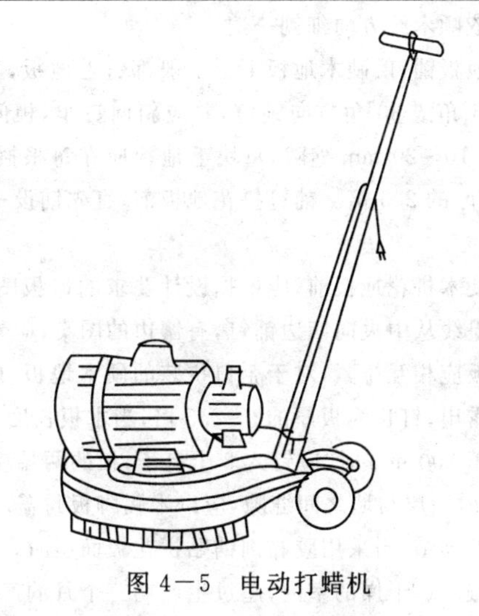

图 4－5　电动打蜡机

四、施工工艺解析

(1)实木地板面层施工见表 4－25。

表 4－25　实木地板面层施工

项目		内　容
安装木格栅	空铺法	在砖砌基础墙上和地垄墙上垫放通长沿缘木，用预埋的铁丝将其捆绑好，并在沿缘木表面划出各搁栅的中线。然后将搁栅对准中线摆好，端头离开墙面约 30 mm 的缝隙，依次将中间的搁栅摆好。当顶面不平时，可用垫木或木楔在搁栅底下垫平，并将其钉牢在沿缘木上。为防止搁栅活动，应在固定好的木搁栅表面临时钉设木拉条，使之互相牵拉着。搁栅摆正后，在搁栅上按剪刀撑的间距弹线，然后按线将剪刀撑钉于搁栅侧面，同一行剪刀撑要对齐顺线，上口齐平
	实铺法	楼层木地板的铺设，通常采用实铺法施工，应先在楼板上弹出各木搁栅的安装位置线(间距约 400 mm)及标高，将搁栅(断面呈梯形，宽面在下)放平，放稳，并找好标高，将预埋在楼板内的铁丝拉出，捆绑好木搁栅(如未预埋镀锌铁丝，可按设计要求用膨胀螺栓等方法固定木搁栅)，然后把保温材料塞满两搁栅之间

续上表

项目	内容
钉木地板面板	(1)条板铺钉:空铺的条板铺钉方法为剪刀撑钉完之后,可从墙的一边开始铺钉面板,靠墙的一块板应离墙面有10～20 mm缝隙,以后逐块排紧,用钉从板侧凹角处斜向钉入,钉长为板厚的2～2.5倍,钉帽要砸扁,企口条板要钉牢,排紧。板的排紧方法一般为在木搁栅上钉扒钉一只,在扒钉与板之间夹两个硬木楔,打紧硬木楔就可以使板排紧。钉到最后一块企口板时,因无法斜着钉,可用明钉钉牢,钉帽要砸扁,冲入板内。企口板的接头要在搁栅中间,接头要相互错开,板与板之间要相互排紧,搁栅上临时固定的木拉条,应随企口板的安装随时拆去,铺钉完之后及时清理干净,先应垂直木纹方向粗刨一遍,再依顺木纹方向细刨一遍。 (2)拼花木地板铺钉:硬木地板下层一般都钉毛地板,其宽度不宜大于120 mm,毛地板与搁栅成45°角或30°角方向铺钉,并应斜向钉牢,板间缝隙不应大于3 mm,毛地板与墙之间应留10～20 mm缝隙,每块毛地板应在每根搁栅上各钉两个钉子固定,钉子的长度应为板厚的2.5倍。铺钉拼花地板前,宜先铺设一层沥青纸(或油毡),以隔声和防潮用。 (3)在铺钉硬木拼花地板前,应根据设计要求的地板图案,一般应在房间中央弹出图案墨线,再按墨线从中央向四边铺钉,有镶边的图案,应先钉镶边部分,再从中央向四边铺钉,各块木板应相互排紧,对于企口拼装的硬木地板,应从板的侧边斜向钉入毛地板中,钉帽不要露出;钉长为板厚的2～2.5倍,当木板长度小于300 mm时,侧边应钉两个钉子,长度大于300 mm时,应钉入3个钉子,板的两端应各钉1个钉固定,板块间隙不应大于0.3 mm,面层与墙之间缝隙,应以木踢脚板封盖。 (4)拼花地板黏结:当采用胶黏剂铺贴拼花板面层时,胶黏剂应通过实验确定,胶黏剂应存放在阴凉通风、干燥的室内,超过生产期三个月的产品,应取样检验,合格后方可使用,超过保质期的产品,不得使用
净面细刨、磨光	地板刨光宜采用地板刨光机(或六面刨),转速在5 000 r/min以上。长条地板应顺木纹刨,拼花地板应与地板木纹成45°角斜刨。刨时不宜走的太快,刨口不要过大,要多走几遍,地板机不用时应先将机器提起关闭,防止啃伤地面。机器刨不到的地方要用手刨,并用细刨净面,地板刨平后,应使用地板磨光机磨光,所用纱布应先粗后细,纱布应绷紧绷平。磨光方向及角度与刨光方向相同
木踢脚板安装	木踢脚应提前刨光,在靠墙的一面开成凹槽,并每隔1 m钻直径6 mm的通风孔,在墙上应每隔40 cm砌防腐木砖,在防腐木砖外面钉防腐木块,再把踢脚板用明钉钉牢在防腐木块上,钉帽砸扁顺木纹冲入木板内,踢脚板板面要垂直,上口呈水平,在木踢脚板与地板交角处,钉三角木条,以盖住缝隙,木踢脚板阴阳角交角处应切割成45°角后再进行拼装,踢脚板的接头应采用45°斜面搭接固定在防腐木块上

(2)实木地板面层的成品保护及应注意的质量问题见表4－26。

表4－26　实木地板面层的成品保护及应注意的质量问题

项目	内　容
成品保护	(1)铺钉地板和踢脚板时，注意不要损坏墙面抹灰和木门框。 (2)地板材料进场后，经检验合格，应码放室内，分规格码放整齐，使用时轻拿轻放，不可以乱扔乱堆，以免损坏棱角。 (3)铺钉木板面层时，操作人员要穿软底鞋，且不得在地面上敲砸，防止损坏面层。 (4)木地板铺设应注意施工环境温度，湿度的变化，施工完应及时覆盖塑料薄膜，防止开裂及变形。 (5)地板磨光后及时刷油和打蜡
应注意的质量问题	(1)铺完地板后，人行走时有响声：主要是木搁栅没有垫实、垫平、捆绑不牢固、有孔隙、木搁栅间距过大、地板弹性大所致，要求在钉毛地板前，先检查搁栅的施工质量，人踩在搁栅上检查没响声后，再铺毛地板。 (2)拼缝不严：铺地板时接口处要插严，钉子的入木方向应该是斜向的，一般常采用45°角或60°角斜钉入木，促使接缝挤压紧密。 (3)木踢脚板出墙厚度不一致：在铺钉木踢脚板时，先检查墙面垂直偏差和平整度，如超出允许偏差时，应先处理墙面，达到标准要求后再钉踢脚板。 (4)地板面平整超出允许偏差：主要是木搁栅上平未找平，就钉铺木地板，铺钉之前，应对搁栅顶进行拉线找平。 (5)木地板产生戗茬：刨地板时吃刀不要过深，走刀速度不应过快，防止产生戗茬，刨光机的刨刃应勤磨。 (6)采用粘贴方法施工的拼花木地板空鼓：主要原因是基层未清理干净就进行粘贴，或者是清理后刷胶黏剂时间过长，胶黏剂失效(或未经试验室试验就使用)、温度过低，也易造成粘贴不牢而空鼓

第二节　实木复合地板面层

一、验收条文

实木复合地板面层施工质量验收标准见表4－27。

表4－27　实木复合地板面层施工质量验收标准

项目	内　容
主控项目	(1)实木复合地板面层采用的地板、胶粘剂等应符合设计要求和国家现行有关标准的规定。 检验方法：观察检查和检查型式检验报告、出厂检验报告、出厂合格证。 检查数量：同一工程、同一材料、同一生产厂家、同一型号、同一规格、同一批号检查一次。 (2)实木复合地板面层采用的材料进入施工现场时，应有以下有害物质限量合格的检测报告：

续上表

项目	内　容
主控项目	1)地板中的游离甲醛(释放量或含量); 2)溶剂型胶粘剂中的挥发性有机化合物(VOC)、苯、甲苯十二甲苯; 3)水性胶粘剂中的挥发性有机化合物(VOC)和游离甲醛。 检验方法:检查检测报告。 检查数量:同一工程、同一材料、同一生产厂家、同一型号、同一规格、同一批号检查一次。 (3)木搁栅、垫木和垫层地板等应作防腐、防蛀处理。 检验方法:观察检查和检查验收记录。 检查数量:按《建筑地面工程施工质量验收规范》(GB 50209—2010)中第 3.0.21 条规定的检验批检查。 (4)木搁栅安装应牢固、平直。 检验方法:观察、行走、钢尺测量等检查和检查验收记录。 检查数量:按《建筑地面工程施工质量验收规范》(GB 50209—2010)中第 3.0.21 条规定的检验批检查。 (5)面层铺设应牢固;粘贴应无空鼓、松动。 检验方法:观察、行走或用小锤轻击检查。 检查数量:按《建筑地面工程施工质量验收规范》(GB 50209—2010)中第 3.0.21 条规定的检验批检查
一般项目	(1)实木复合地板面层图案和颜色应符合设计要求,图案应清晰,颜色应一致,板面应无翘曲。 检验方法:观察、用 2 m 靠尺和楔形塞尺检查。 检查数量:按《建筑地面工程施工质量验收规范》(GB 50209—2010)中第 3.0.21 条规定的检验批检查。 (2)面层缝隙应严密;接头位置应错开,表面应平整、洁净。 检验方法:观察检查。 检查数量:按《建筑地面工程施工质量验收规范》(GB 50209—2010)中第 3.0.21 条规定的检验批检查。 (3)面层采用粘、钉工艺时,接缝应对齐,粘、钉应严密;缝隙宽度应均匀一致;表面应洁净,无溢胶现象。 检验方法:观察检查。 检查数量:按《建筑地面工程施工质量验收规范》(GB 50209—2010)中第 3.0.21 条规定的检验批检查。 (4)踢脚线应表面光滑,接缝严密,高度一致。 检验方法:观察和用钢尺检查。 检查数量:按《建筑地面工程施工质量验收规范》(GB 50209—2010)中第 3.0.21 条规定的检验批检查

二、施工材料要求

(1)实木复合地板面层材料选用的基本要求见表4－28。

表4－28　实木复合地板面层材料选用的基本要求

项目	内　容
体现我国经济技术政策	建筑地面施工应体现我国的经济技术政策，在符合设计要求和满足使用功能的条件下，应充分采用地方材料，合理利用、推广工业废料，优先选用国产材料，尽量节约资源性原材料，做到技术先进、经济合理、控制污染、卫生环保、确保质量、安全适用
符合施工规范、规定	建筑地面各构造层所采用的原材料、半成品的品种、规格、性能等，应按设计要求选用，除应符合施工规范外，尚应符合现行国家、行业和有关产品材料标准和相关环境管理的规定
进场材料	进场材料应有中文质量合格证书、产品性能检测报告、相应的环境保护参数，对重要材料应有复验报告，并经监理部门检查确认合格后方可使用，以控制材料质量和环境因素
胶黏剂等建材产品的选用	铺设板块面层、木竹面层所采用的胶黏剂、沥青胶结料和涂料等建材产品应按设计要求选用，并应符合现行国家标准《民用建筑工程室内环境污染控制规范》(GB 50325—2010)的规定，以控制对人体直接的危害 民用建筑工程室内装修中所采用的水性涂料、水性胶黏剂、水性处理剂必须有总挥发性有机化合物(TVOC)和游离甲醛含量检测报告；溶剂型涂料、溶剂型胶黏剂必须有总挥发性有机化合物(TVOC)、苯、游离甲苯二异氰酸酯(TDI)(聚氨酯类)含量检测报告，并应符合要求。材料采购时，尽量选用环保型材料，严禁选用国家明令淘汰和有害物质超标的产品

(2)实木复合地板的材料要求见表4－29。

表4－29　实木复合地板的材料要求

项目	内　容
定义	实木复合地板是以实木拼板或单板为面层、实木条为芯层、单板为底层制成的企口地板和以单板为面层、胶合板为基材制成的企口地板。以面层树种来确定地板树种名称
特点	(1)由三层或多层实木板相互垂直层压、胶合而成。其表层为优质硬木规格条板拼镶，板芯层为针叶林木板材，底层为旋切单板。由于各层木材相互垂直胶合缓减了木材的涨缩率，因而少变形、不开裂。它的表层优质硬木板只需4～5 mm厚，可节约珍贵的木材。实木复合地板的种类和特点见表4－30。 (2)实木复合地板的表面是经过砂光之后，采用高硬度紫外线固化亚光漆，经过五层滚漆之后的地板。表面光泽自然，坚固耐磨。实木复合地板面层不受各类酸碱和油污的侵蚀，可永保天然色泽。

续上表

项目		内　容
特点		(3)实木复合地板保持和发扬了单块实木地板的自然风范。它的表皮厚度为 4 mm,原料一般采用优质硬木树种,如:山毛榉、枫木、橡木等。中层板厚度为 9 mm,原料一般采用优质的针叶树种,如:红松、白松以及结构实密的小叶杨等。这不仅为地板创造稳定的形态,而且增加了地板的弹性和强度。地板的底层有一层保护,达 2 mm 的旋切单板主要用于防止地板受潮及曲翘变形。 (4)实木复合地板无污染,抗静电,坚固耐用易保养
分类	三层实木复合地板	由三层实木交错层压而成,保留实木地板的优点,克服单层易变形的缺点
	多层实木复合地板	以多层胶合板为基材,与三层实木复合地板优点相同
中间层分类		一种为中间层是横竖纹板材结合。另一种是中间层是复合材料,一般为密度板或聚酯材料

表 4-30　实木复合地板的种类和特点

类别	基本特点
三层实木复合地板	有三层实木交错层压而成
多层实木复合地板	以多层胶合板为基材,与三层实木复合地板相同
细木工贴面板	由表层、芯层、底层顺向层压而成

(3)复合地板分类见表 4-31。

表 4-31　复合地板分类

项目	内　容
按面层材料分	(1)实木拼板作为面层的实木复合地板; (2)单板作为面层的实木复合地板
按结构分	(1)三层结构实木复合地板; (2)以胶合板为基材的实木复合地板
按表面有无涂料分	(1)涂饰实木复合地板; (2)未涂饰实木复合地板
按甲醛释放量分	(1)A 类实木复合地板(甲醛释放量:≤9 mg/100 g); (2)B 类实木复合地板(甲醛释放量:>9~40 mg/100 g)

(4)实木复合地板的技术要求见表 4－32。

表 4－32　实木复合地板的技术要求

<table>
<tr><td colspan="2">项目</td><td>内　容</td></tr>
<tr><td colspan="2">分等</td><td>根据产品的外观质量、理化性能分为优等品、一等品和合格品</td></tr>
<tr><td rowspan="2">实木复合地板各层的技术要求</td><td>三层结构实木复合地板</td><td>(1)面层。
面层常用树种有水曲柳、桦木、山毛榉、栎木、榉木、枫木、楸木、樱桃木等；同一块地板表层树种应一致；面层由板条组成，板条常见规格：宽度为 50、60、70 mm；厚度为 3.5、4.0 mm；外观质量应符合表 4－33 的要求。
(2)芯层。
芯层常用树种有杨木、松木、泡桐、杉木、栎木等；芯层由板条组成，板条常用厚度为 8 mm、9 mm；同一块地板芯层用相同树种或材性相近的树种；芯板条之间的缝隙不能大于 5 mm。
(3)底层。
底层单板树种通常为杨木、松木、桦木等；底层单板常见厚度规格为2.0 mm；底层单板的外观质量应符合表 4－33 的要求</td></tr>
<tr><td>以胶合板为基材的实木复合地板</td><td>(1)面层：面层通常为装饰单板；树种通常为水曲柳、桦木、山毛榉、栎木、榉木、枫木、楸木、樱桃木等；常见厚度规格为 0.3 mm、1.0 mm、1.2 mm；面层的外观质量应符合表 4－18 的要求。
(2)基材：胶合板不低于《陶瓷试验方法》(GB/T 9846.1—2006～9846.8—2006)中二等品的技术要求。基材要进行严格挑选和必要的加工，不能留有影响饰面质量的缺陷</td></tr>
<tr><td colspan="2">外观质量要求</td><td>各等级外观质量要求见表 4－18</td></tr>
</table>

表 4－33　实木复合地板的外观质量要求

名称	项目	表面			背面
		优等	一等	合格	
死节	最大单个长径(mm)	不允许	2	4	50
孔洞(含虫孔)	最大单个长径(mm)	不允许	不允许	2，须修补	15
浅色夹皮	最大单个长度(mm)	不允许	20	30	不限
	最大单个宽度(mm)	不允许	2	4	不限
深色夹皮	最大单个长度(mm)	不允许	不允许	15	不限
	最大单个宽度(mm)	不允许	不允许	2	不限
树脂囊和树脂道	最大单个长度(mm)	不允许	不允许	5，且最大单个宽度小于 1	不限
腐朽[①]	—	不允许	不允许	不允许	—

续上表

名称		项目	表面			背面
			优等	一等	合格	
变色		不超过板面积(%)	不允许	5,板面色泽要协调	20,板面色泽要大致协调	不限
裂缝		—	不允许			—
拼接离缝	横拼	最大单个宽度(mm)	0.1	0.2	0.5	不限
		最大单个长度不超过板长(%)	5	10	20	不限
	纵拼	最大单个宽度(mm)	0.1	0.2	0.5	不限
叠层		—	不允许			不限
鼓泡、分层		—	不允许			不允许
凹陷、压痕、鼓包		—	不允许	不明显	不明显	不限
补条、补片		—	不允许			不限
毛刺沟痕		—	不允许			不限
透胶、板面污染		不超过板面积(%)	不允许	不允许	1	不限
砂透		—	不允许			不限
波纹		—	不允许	不允许	不明显	—
刀痕、划痕		—	不允许			不限
边、角缺损②		—	不允许			—
漆膜鼓泡		$\phi \leqslant 0.5$ mm	不允许	每块板不超过3个	每块板不超过3个	—
针孔		$\phi \leqslant 0.5$ mm	不允许	每块板不超过3个	每块板不超过3个	—
皱皮		不超过板面积(%)	不允许	不允许	5	—
粒子		—	不允许	不允许	不明显	—
漏漆		—	不允许			—

①允许有初腐,但不剥落,也不能捻成粉末。

②长边缺损不超过板长的30%,且宽不超过5 mm;短边缺损不超过板宽的20%,且宽不超过5 mm。

(5)实木复合地板的尺寸偏差见表4－34。

表4－34　实木复合地板的尺寸偏差

项目	要　求
厚度偏差	公称厚度 t_n 与平均厚度 t_n 之差绝对值≤0.5 mm； 厚度最大值 t_{max} 与最小值 t_{min} 之差≤0.5 mm
面层净长偏差	公称长度 l_n≤1 500 mm时，l_n 与每个测量值 l_m 之差绝对值≤1.0 mm； 公称长度 l_n≤1 500 mm时，l_n 与每个测量值 l_m 之差绝对值≤2.0 mm
面层净宽偏差	公称宽度 w_n 与平均宽度 w_a 之差绝对值≤0.1 mm； 宽度最大值 w_{max} 与最小值 w_{min} 之差≤0.2 mm
直角度	q_{max}≤0.2 mm
边缘不直度	s_{max}≤0.3 mm/m
翘曲度	宽度方向凸翘曲度 f_w≤0.20%；宽度方向凹翘曲度 f_w≤0.15%； 长度方向凸翘曲 f_1≤1.00%；长度方向凹翘曲度 f_1≤0.50%
拼装离缝	拼装离缝平均值 o_a≤0.15 mm；拼装离缝最大值 o_{max}≤0.20 mm
拼装高度差	拼装高度差平均值 h_a≤0.10 mm；拼装高度差最大值 h_{max}≤0.15 mm

(6)实木复合地板理化性能指标见表4－35。

表4－35　实木复合地板理化性能指标

项目	内　容
浸渍剥离	(1)实木复合地板浸渍剥离见表4－36。 (2)浸渍剥离检验按有关规定进行。 (3)合格试件数大于等于5块时，判为合格，否则判为不合格
静曲强度和弹性模量	(1)实木复合地板的静曲强度和弹性模量见表4－36。 (2)静曲强度和弹性模量检验按有关规定进行。 (3)六个试件静曲强度的算术平均值达到标准规定值，且最小值不小于标准规定值的80%，判为合格，否则判为不合格。 (4)六个试件弹性模量的算术平均值达到标准规定值，判为合格，否则判为不合格
含水率	(1)实木复合地板的外观质量要求见表4－36。 (2)含水率检验按有关规定进行。 (3)三个试件含水率的算术平均值达到标准规定值，判为合格，否则判为不合格
漆膜附着力	(1)实木复合地板的漆膜附着力见表4－36。 (2)漆膜附着力检验按有关规定进行。 (3)试件漆膜附着力符合表4－36要求，判为合格，否则判为不合格

续上表

项目	内　容
表面耐磨	(1)实木复合地板的表面耐磨见表4－36。 (2)表面耐磨检验按有关规定进行。 (3)试件表面耐磨磨耗值达到标准规定值,且表面漆膜未磨透,判为合格,否则判为不合格
表面耐污染	(1)实木复合地板的表面耐污染见表4－36。 (2)表面耐污染检验按有关规定进行。 (3)试件表面耐污染达到标准规定值,判为合格,否则判为不合格
甲醛释放量	(1)实木复合地板的甲醛释放量见表4－36。 (2)甲醛释放量检验按有关规定进行。 (3)两个试件甲醛释放量的算术平均值达到标准规定值,判为合格,否则判为不合格

表4－36　实木复合地板的外观质量要求

检验项目	单位	优等品	一等品	合格品
浸渍剥离	—	每一边的任一胶层开胶的累计长度不超过该胶层长度的1/3(3 mm以下不计)		
静曲强度	MPa	≥30		
弹性模量	MPa	≥4 000		
含水率	%	5～14		
漆膜附着力	—	割痕及割痕交叉处允许有少量断续剥落		
表面耐磨	g/(100 r)	≤0.08,且漆膜未磨透	≤0.08,且漆膜未磨透	≤0.15,且漆膜未磨透
表面耐污染	—	无污染痕迹		
甲醛释放量	mg/(100 g)	A类:≤9;B类:>9～40		

三、施工机械要求

(1)施工机具设备基本要求见表4－37。

表4－37　施工机具设备基本要求

项目	内　容
设备要求	电动工具应选择低耗能低噪声产品,如冲击钻;手枪钻ϕ56 mm;手提电圆锯;手提电刨、平刨、压刨、台钻
设备保养	设备应定期维修、保养,使其处于完好状态,避免设备不合要求而加大能耗和噪声污染

(2)施工机具设备见表 4—38。

表 4—38　施工机具设备

项目	内　　容
工具	斧子、冲子、凿子、手锯、手刨、锤子、墨斗、錾子、扫帚、钢丝刷、气钉枪、割角尺等
计量检测用具	水准仪、水平尺、方尺、钢尺、靠尺等

四、施工工艺解析

(1)实木复合地板面层施工见表 4—39。

表 4—39　实木复合地板面层施工

项目	内　　容
基层清理	对基层空鼓、麻点、掉皮、起砂、高低偏差等部位进行返修,并把沾在基层上的浮浆、落地灰等用錾子或钢丝刷清理掉,再用扫帚将浮土清扫干净
安装木龙骨	木龙骨的安装操作工艺同"实木地板面层施工工艺标准"
铺钉毛地板	(1)当面层采用条形或拼花席纹时,毛地板与木龙骨成 30°或 45°斜向铺钉。毛地板与墙面之间应留 10～20 mm 的缝隙,毛地板用铁钉与木龙骨钉紧,宜选用长度为板厚 2～2.5 倍的铁钉,每端用 2 个,钉帽应沉入毛地板表面 2～3 mm。 (2)毛地板的接头必须设在木龙骨中线上,表面要调平,板间缝隙不大于 3 mm,板长不应小于两档木龙骨,相邻条板的接缝要错开。当采用整张人造板时,应在板上开槽,槽的深度为板厚的 1/3,方向与木龙骨垂直,间距 200 mm 左右。 (3)毛地板铺钉完,应弹方格网点抄测检查,表面刨平,边刨边用水准仪、水平尺检查,直至平整度符合要求后方可进行下道工序施工。 (4)所用的木龙骨、毛地板等在使用前必须做防腐处理。铺设毛地板前必须将架空层内的杂物清理干净
铺实木复合地板面层	实木复合地板面层在毛地板上可采用钉子固定,也可满涂胶或点涂胶粘贴。先量好房间的长宽,计算出需要多少块地板。板与墙边留至少 8～12 mm 缝隙,并用木楔背紧。试装头三排,不要涂胶,试铺后方可用满涂胶或点涂胶法,从墙边开始铺贴实木复合地板,铺贴时地板企口部位也应涂胶。板块间的短接头应相互错开至少 300 mm,当铺长条形地板时,排与排之间的长缝必须保持一条直线,所以第一排不靠墙的那边要平直。大面积铺设地板面层(长度大于 10 m)时,应分段进行,分段缝的处理应符合设计要求
安装木踢脚板	实木复合地板安装完,静停 2 h 后方可撤除与墙背紧的木楔子,随后可进行踢脚板安装。踢脚板的厚度应以能压住实木复合地板与墙面的缝隙为准,通常厚度为 15 mm,用钉固定或用硅胶粘贴。木踢脚板应提前刨光,为防止翘曲,在靠墙的一面开成槽,并每隔 1 m 钻 ϕ6 mm 的通风孔,在墙上每隔 400 mm 设防腐木砖(也可以在墙上钻孔,塞木楔),再把踢脚板用钉子钉牢在防腐木砖上,钉帽砸扁顺木纹冲入木板内,踢脚板板面应垂直,上口水平。木踢脚板阴阳角交接处应切割成 45°角后再进行安装,踢脚板的接头宜用坡面搭接固定在防腐木块上

(2)实木复合地板面层的成品保护及应注意的质量问题见表 4－40。

表 4－40 实木复合地板面层的成品保护及应注意的质量问题

项目	内　容
成品保护	(1)实木复合木地板材料应码放整齐,使用时轻拿轻放,不可以乱扔乱堆,以免损坏棱角。 (2)铺钉木地板时,不应损坏墙面抹灰层。 (3)木地板上作业应穿软底鞋,且不得在地面上敲砸,防止损坏面层。 (4)木地板施工应保证施工环境的温度、湿度。施工完应及时覆盖塑料薄膜,防止开裂及变形。 (5)木地板安装后及时打蜡。 (6)通水和通暖气时应注意节门及管道的三通弯头等处,防止渗漏浸泡地板造成地板开裂及起鼓。 (7)地面打眼时应注意预埋管线位置,以免破坏。 (8)设专人看管,做好木地板板面成品保护
应注意的质量问题	(1)行走时有响声:龙骨没有垫实、垫平,捆绑不牢有空隙,龙骨间距过大,地板弹性大所致。要求在钉毛地板前先检查龙骨的施工质量,人踩在龙骨上检查没响声后,再铺毛地板。 (2)拼缝不严:铺实木复合木地板时企口处要插严、钉牢,施工时严格拼缝。 (3)铺钉时应注意板与墙,板实木与板实木之间碰头缝的处理,按规范要求留置,不应顶墙铺钉,防止实木复合木地板受潮后弯拱。 (4)木搁栅与地面和墙接触处应进行防腐处理。 (5)实木复合木地板下填嵌的材料一定要干燥,要塞实

第三节 浸渍纸层压木质地板面层

一、验收条文

浸渍纸层压木质地板面层施工质量验收标准见表 4－41。

表 4－41 浸渍纸层压木质地板面层施工质量验收标准

项目	内　容
主控项目	(1)浸渍纸层压木质地板面层采用的地板、胶粘剂等应符合设计要求和国家现行有关标准的规定。 检验方法:观察检查和检查型式检验报告、出厂检验报告、出厂合格证。 检查数量:同一工程、同一材料、同一生产厂家、同一型号、同一规格、同一批号检查一次。 (2)浸渍纸层压木质地板面层采用的材料进入施工现场时,应有以下有害物质限量合格的检测报告: 1)地板中的游离甲醛(释放量或含量); 2)溶剂型胶粘剂中的挥发性有机化合物(VOC)、苯、甲苯＋二甲苯; 3)水性胶粘剂中的挥发性有机化合物(VOC)和游离甲醛。

续上表

项目	内　容
主控项目	检验方法:检查检测报告。 检查数量:同一工程、同一材料、同一生产厂家、同一型号、同一规格、同一批号检查一次。 (3)木搁栅、垫木和垫层地板等应做防腐、防蛀处理;其安装应牢固、平直,表面应洁净。 检验方法:观察、行走、钢尺测量等检查和检查验收记录。 检查数量:按《建筑地面工程施工质量验收规范》(GB 50209—2010)第3.0.21条规定的检验批检查。 (4)面层铺设应牢固、平整;粘贴应无空鼓、松动。 检验方法:观察、行走、钢尺测量、用小锤轻击检查。 检查数量:按《建筑地面工程施工质量验收规范》(GB 50209—2010)第3.0.21条规定的检验批检查
一般项目	(1)浸渍纸层压木质地板面层的图案和颜色应符合设计要求,图案应清晰,颜色应一致,板面应无翘曲。 检验方法:观察、用2 m靠尺和楔形塞尺检查。 检查数量:按《建筑地面工程施工质量验收规范》(GB 50209—2010)第3.0.21条规定的检验批检查。 (2)面层的接头应错开、缝隙应当严密、表面应洁净。 检验方法:观察检查。 检查数量:按《建筑地面工程施工质量验收规范》(GB 50209—2010)第3.0.21条规定的检验批检查。 (3)踢脚线应表面光滑,接缝严密,高度一致。 检验方法:观察和用钢尺检查。 检查数量:按《建筑地面工程施工质量验收规范》(GB 50209—2010)第3.0.21条规定的检验批检查。 (4)浸渍纸层压木质地板面层的允许偏差应符合《建筑地面工程施工质量验收规范》(GB 50209—2010)表7.1.8的规定。 检查方法:按《建筑地面工程施工质量验收规范》(GB 50209—2010)表7.1.8中的检验方法检验。 检查数量:按《建筑地面工程施工质量验收规范》(GB 50209—2010)第3.0.21条规定的检验和第3.0.22条的规定检查

二、施工材料要求

(1)浸渍纸层压木质地板面层材料选用的基本要求见表4-42。

表4-42　浸渍纸层压木质地板面层材料选用的基本要求

项目	内　容
体现我国经济技术政策	建筑地面施工应体现我国的经济技术政策,在符合设计要求和满足使用功能的条件下,应充分采用地方材料,合理利用、推广工业废料,优先选用国产材料,尽量节约资源性原材料,做到技术先进、经济合理、控制污染、卫生环保、确保质量、安全适用

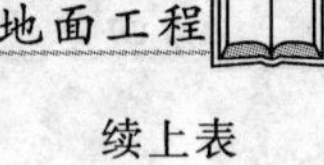

续上表

项目	内　容
符合施工规范、规定	建筑地面各构造层所采用的原材料、半成品的品种、规格、性能等，应按设计要求选用，除应符合施工规范外，尚应符合现行国家、行业和有关产品材料标准和相关环境管理的规定
进场材料	进场材料应有中文质量合格证书、产品性能检测报告、相应的环境保护参数，对重要材料应有复验报告，并经监理部门检查确认合格后方可使用，以控制材料质量和环境因素
胶黏剂等建材产品的选用	胶黏剂、沥青胶结料和涂料等建材产品应按设计要求选用，并应符合现行国家标准《民用建筑工程室内环境污染控制规范》(GB 50325—2010)的规定，以控制对人体直接的危害。 民用建筑工程室内装修中所采用的水性涂料、水性胶黏剂、水性处理剂必须有总挥发性有机化合物(TVOC)和游离甲醛含量检测报告；溶剂型涂料、溶剂型胶黏剂必须有总挥发性有机化合物(TVOC)、苯、游离甲苯二异氰酸酯(TDI)(聚氨酯类)含量检测报告，并应符合要求。材料采购时，尽量选用环保型材料，严禁选用国家明令淘汰和有害物质超标的产品

(2)浸渍纸层压木质地板(强化木地板)分类见表4－43。

表4－43　浸渍纸层压木质地板(强化木地板)分类

项目	内　容
按用途分	(1)商用级浸渍纸层压木质地板。 (2)家用Ⅰ级浸渍纸层压木质地板。 (3)家用Ⅱ级浸渍纸层压木质地板
按地板基材分	(1)以刨花板为基材的浸渍纸层压木质地板。 (2)以高密度纤维板为基材的浸渍纸层压木质地板
按装饰层分	(1)单层浸渍装饰纸层压木质地板。 (2)热固性树指浸渍纸高压装饰层积板层压木质地板
按表面的模压形状分	(1)浮雕浸渍纸层压木质地板。 (2)光面浸渍纸层压木质地板
按表面耐磨等级分	(1)商用级，≥9 000转。 (2)家用Ⅰ级，≥6 000转。 (3)家用Ⅱ级，≥4 000转
按甲醛释放量分	(1)E_0级浸渍纸层压木质地板。 (2)E_1级浸渍纸层压木质地板

(3)浸渍纸层压木质地板(强化木地板)技术要求见表4－44。

表4－44　浸渍纸层压木质地板(强化木地板)技术要求

项目	内　容
分等	根据产品的外观质量、理化性能分为优等品、一等品和合格品
外观质量	浸渍纸层压木质地板各等级外观质量要求见表4－45
规格尺寸偏差	浸渍纸层压木质地板的尺寸偏差应符合表4－46
理化性能	浸渍纸层压木质地板的理化性能应符合表4－47的规定

表4－45　浸渍纸层压木质地板各等级外观质量要求

缺陷名称	正　面			背　面
	优等品	一等品	合格品	
干、湿花	不允许	不允许	总面积不超过板面的3%	允许
表面划痕	不允许			不允许漏出基材
表面压痕	不允许			不允许
透底	不允许			不允许
光泽不均	不允许	不允许	总面积不超过板面的3%	允许
污斑	不允许	≤3 mm^2，允许1个/块	≤10 mm^2，允许1个/块	允许
鼓泡	不允许			≤10 mm^2，允许1个/块
鼓包	不允许			≤10 mm^2，允许1个/块
纸张撕裂	不允许			≤100 mm，允许1个/块
局部缺纸	不允许			≤20 mm^2，允许1个/块
崩边	不允许			允许
表面龟裂	不允许			不允许
分层	不允许			不允许
榫舌及边角缺损	不允许			不允许

表4－46　浸渍纸层压木质地板尺寸偏差

项目	要　求
厚度偏差	公称厚度 t_n 与平均厚度 t_n 之差绝对值≤0.5 mm； 厚度最大值 t_{max} 与最小值 t_{min} 之差≤0.5 mm
面层净长偏差	公称长度 l_n≤1 500 mm时，l_n 与每个测量值 l_m 之差绝对值≤1.0 mm； 公称长度 l_n≤1 500 mm时，l_n 与每个测量值 l_m 之差绝对值≤2.0 mm

续上表

项目	要　求
面层净宽偏差	公称宽度 w_n 与平均宽度 w_n 之差绝对值≤0.1 mm； 宽厚最大值 w_{max} 与最小值 w_{min} 之差≤0.2 mm
直角度	q_{max}≤0.2 mm
边缘不直度	s_{max}≤0.3 mm/m
翘曲度	宽度方向凸翘曲度 f_{w1}≤0.20%；宽度方向凹翘曲度 f_{w2}≤0.15%； 长度方向凸翘曲度 f_1≤1.00%；长度方向凹翘曲度 f_1≤0.50%
拼装离缝	拼装离缝平均值 o_a≤0.15 mm；拼装离缝最大值 o_{max}≤0.20 mm
拼装高度差	拼装高度差平均值 h_a≤0.10 mm；拼装高度差最大值 h_{max}≤0.15 mm

注：表中要求的是指拆包检验的质量要求。

表 4－47　浸渍纸层压木质地板理化性能

检验项目	单位	指标
静曲强度	MPa	≥35.0
内结合强度	MPa	≥1.0
含水率	%	3.0～10.0
密度	g/cm^3	≥0.85
吸水厚度膨胀率	%	≤18%
表面胶合强度	MPa	≥1.0
表面耐冷热循环	—	无龟裂、无鼓泡
表面耐划痕	—	4.0 N 表面装饰花纹未划破
尺寸稳定性	mm	≤0.9
表面耐磨	转	商用纹：≥9 000； 家用Ⅰ级：≥6 000； 家用Ⅱ级：≥4 000
表面耐香烟灼烧	—	无黑斑、裂纹和鼓泡
表面耐干热	—	无龟斑、无鼓泡
表面耐污染腐蚀	—	无污染、无腐蚀
表面耐龟裂	—	0 级　1 级　1 级
抗冲击	mm	≤10
甲醛释放量	mg/L	E_0 级：≤0.5； E_1 级：≤1.5
耐光色牢度	级	≥灰度卡 4 级

三、施工机械要求

施工机具设备见表 4－48。

表 4－48　施工机具设备

项目	内　容
机具	小电锯、电锤、电钻、电刨等
工具	斧子、冲子、凿子、手锯、手刨、锤子、墨斗、錾子、扫帚、钢丝刷、气钉枪等
计量检测用具	水准仪、水平尺、方尺、钢尺、靠尺等

四、施工工艺解析

(1)浸渍纸层压木质地板面层施工见表 4－49。

表 4－49　浸渍纸层压木质地板面层施工

项目	内　容
基层清理	将粘在基层上的浮浆、落地灰、空鼓处等用錾子或钢丝刷清理掉，再用扫帚将浮土清扫干净。对基层麻点、起砂、高低偏差等部位用水泥腻子或水泥砂浆修补、打磨。基层应做到平整、坚实、干燥、干净
弹线	当基层完全干燥并达到要求后，根据配板图或实际尺寸。测量弹出面层控制线和定位线
铺衬垫或毛地板	一般采用 3 mm 左右聚乙烯泡沫塑料衬垫，可在基层上直接满铺。也可将衬垫采用点粘法或双面胶带纸粘在基层上。 浸渍纸层压木质地板面层如需铺钉毛地板时可采用 15 mm 厚松木或同厚度、质量可靠的其他板材
铺浸渍纸层压木质地板面层	(1)先试铺，将地板条铺成与光线平行方向，在走廊或较小的房间，应将地板块与较长的墙面平行铺设。排与排之间的长边接缝必须保持一条直线，相邻条板端头应错开不小于 300 mm。 (2)浸渍纸层压木质地板不与地面基层及泡沫料衬垫粘贴，只是地板块之间黏结成整体。按试铺的排版尺寸，第一块板材凹企口朝墙面。第一排板每块只需在短头接尾凸榫上部涂足量的胶，使地板块榫槽黏结到位，接合严密。第二排板块需在短边和长边的凹榫内涂胶，与第一排版的凸榫黏结，用小锤隔着垫木向里轻轻敲打，使两块结合严密、平整，不留缝隙。板面溢出的胶，用湿布及时擦净。每铺完一排，拉线检查，保证铺板平直。按上述方法逐块铺设挤紧。地板与墙面相接处，留出 10 mm 左右的缝隙，用木楔背紧(最后一排地板块与墙面也要有 10 mm 缝隙)。铺粘应从房间内退着往外铺设，不符合模数的板块，其不足部分在现场根据实际尺寸将板块切割后镶补，并用胶黏剂加强固定。待胶干透后，方可拆除木楔。 (3)铺设浸渍纸层压木质地板的面积达 70 m^2 或房间长度达 8 m 时，宜在每间隔 8 m 处(或门口处)放置铝合金条，释放整体地面温度变形
安装木踢脚板	浸渍纸层压木质地板安装完后，可安装踢脚板。踢脚板应提前刨光，厚度应以能压住地板与墙面的缝隙为准。为防止翘曲，在靠墙的一面开成凹槽，并每隔 1 m 钻直径6 mm

续上表

项目	内　容
安装木踢脚板	的通风孔。在墙上每隔400 mm设防腐木砖(或在墙上钻孔,打入木塞),再把踢脚板用钉子钉牢在防腐木块上,钉帽砸扁顺木纹冲入木板内,踢脚板板面应垂直,上口水平。木踢脚板阴阳角交接处应切割成45°角后再进行拼装,踢脚板的接头应固定在防腐木板上。也可选用与浸渍纸层压木质地板配套的成品踢脚板,安装可采用打眼下木楔钉固,也可用安装挂件,活动安装
季节性施工	(1)雨期施工,如空气湿度超出施工条件时,除开启门窗通风外,还应增加人工排风设施(排风扇等)控制湿度。遇大雨、持续高湿度等天气时应停止施工。 (2)冬期施工,木地板应在采暖条件下进行,室温保持平衡。使用胶黏剂时室温不宜低于10℃

(2)浸渍纸层压木质地板面层的成品保护及应注意的质量问题见表4－50。

表4－50　浸渍纸层压木质地板面层的成品保护及应注意的质量问题

项目	内　容
成品保护	(1)地板材料应码放整齐,使用时轻拿轻放,不得乱扔乱堆,以免损坏棱角。 (2)在铺好的浸渍纸层压木质地板上作业时,应穿软底鞋,且不得在地板面上敲砸,防止损坏面层。 (3)应确保水、暖阀门关闭严密,防止跑、冒、滴、漏造成地板开裂、起鼓。 (4)当浸渍纸层压木质地板基层内有管道时,应做好标记,管道处不得钻孔、钉钉子,防止损坏管线。 (5)后续工程在地板面层上施工时,必须进行遮盖、支垫,严禁在地板面层上动火、焊接、和灰、调漆、支铁梯、搭脚手架等
应注意的质量问题	(1)铺设浸渍纸层压木质地板前,应将基层找平,表面平整度严格控制在2 mm以内,粘贴刷胶时要均匀到位,以防出现行走时响声和踩空感。 (2)铺板前基层应充分干燥,防止地板受潮膨胀,面层起鼓。 (3)应严格挑选规格尺寸、板面顺直,防止产生板缝不严。 (4)各种控制线应校核准确,施工时随时与其他地板作业面照应,协调统一,防止接搓处出现高差。 (5)木踢脚板安装时,先检查墙面垂直、平整度及木砖间距,有偏差时应及时修整,防止踢脚板与墙面接触不严和翘曲、变形

第四节　竹地板面层

一、验收条文

竹地板面层施工质量验收标准,参见表4－2。

二、施工材料要求

竹地板面层材料要求见表4—51。

表4—51　竹地板面层材料要求

项目		内　容
材料选用的基本要求		(1)建筑地面施工应体现我国的经济技术政策，在符合设计要求和满足使用功能的条件下，应充分采用地方材料，合理利用、推广工业废料，优先选用国产材料，尽量节约资源性原材料，做到技术先进、经济合理、控制污染、卫生环保、确保质量、安全适用。 (2)建筑地面各构造层所采用的原材料、半成品的品种、规格、性能等，应按计要求选用，除应符合施工规范外，尚应符合现行国家、行业和有关产品材料标准和相关环境管理的规定。 (3)进场材料应有中文质量合格证书、产品性能检测报告、相应的环境保护参数，对重要材料应有复验报告，并经监理部门检查确认合格后方可使用，以控制材料质量和环境因素。 (4)铺设板块面层、木竹面层所采用的胶黏剂、沥青胶结料和涂料等建材产品应按设计要求选用，并应符合现行国家标准《民用建筑工程室内环境污染控制规范》(GB 50325—2010)的规定，以控制对人体直接的危害。 (5)民用建筑工程室内装修中所采用的水性涂料、水性胶黏剂、水性处理剂必须有总挥发性有机化合物(TVOC)和游离甲醛含量检测报告；溶剂型涂料、溶剂型胶黏剂必须有总挥发性有机化合物(TVOC)、苯、游离甲苯二异氰酸酯(TDI)(聚氨酯类)含量检测报告，并应符合要求。材料采购时，尽量选用环保型材料，严禁选用国家明令淘汰和有害物质超标的产品
竹地板分类	按结构分	(1)多层胶合竹地板； (2)单层侧拼竹地板
	按表面有无涂饰分	(1)涂饰竹地板； (2)未涂饰竹地板
	按表面颜色分	(1)本色竹地板； (2)漂白竹地板； (3)炭化竹地板
技术要求	分等	产品分为优等品、一等品、合格品三个等级
	规格尺寸及允许偏差	竹地板规格尺寸及允许偏差见表4—52，经供需双方协议可生产其他规格产品
	外观质量	竹地板外观质量要求，见表4—53
	理化性能指标	竹地板理化性能指标应符合表4—54的规定

续上表

项目	内容
木材	木龙骨、垫木、剪刀撑和毛地板等，必须做防腐、防蛀及防火处理。木龙骨要用变形较小的木材，常用红松和白松等；毛地板常选用红松、白松、杉木或整张的细木工板、中密度板等。木材的材质、品种、等级和铺设时的含水率应符合现行国家标准《木结构工程施工质量验收规范》(GB 50206—2002)的有关规定
踢脚板	宽度、厚度应按设计尺寸加工，其含水率不大于12%，背面涂防腐剂
胶黏剂	可用8123聚氯乙烯胶黏剂、4115建筑胶黏剂或其他经有关检验机构检验合格的胶黏剂。胶黏剂的选择必须满足现行国家标准《室内装饰装修材料 人造板及其制品中甲醛释放限量》(GB 18580－2001)的规定
其他材料	防腐剂、8号～10号镀锌铅丝、50～100 mm钉子、角码、膨胀螺栓(M6×65)等

表4－52 竹地板规格尺寸及允许偏差

项目	单位	规格尺寸	允许偏差
面层净长 l	mm	900,915,920,950	公称长度 l_n 与每个测量值 l_m 之差的绝对值≤0.50 mm
面层净宽 w	mm	90,92,95,100	公称宽度 w_n 与平均宽度 w_m 之差的绝对值≤0.15 mm； 宽度最大值 w_{max} 与最小值 w_{min} 之差≤0.20 mm
厚度 t	mm	9,12,15,18	公称厚度 t_n 与平均厚度 t_m 之差的绝对值≤0.30 mm； 厚度最大值 t_{max} 与最小值 t_{min} 之差≤0.20 mm
垂直度 q	mm	—	q_{max}≤0.15
边缘直度 s	mm/m	—	s_{max}≤0.20
翘曲度 f	%	—	宽度方向翘曲度 f_w≤0.20； 长度方向翘曲度 f_l≤0.50
拼装高差 h	mm	—	拼装高差平均值 h_a≤0.15； 拼装高差最大值 h_{max}≤0.20
拼装高缝 o	mm	—	拼装离缝平均值 o_n≤0.15； 拼装离缝最大值 o_{max}≤0.20

表4－53 竹地板外观质量要求

项目		优等品	一等品	合格品
未刨部分和刨痕	表、侧面	不允许		轻微
	背面	不允许	允许	

续上表

项目		优等品	一等品	合格品
榫舌残缺	残缺长度	不允许	≤全长的10%	≤全长的20%
	残缺宽度	不允许	≤榫舌宽度的40%	
腐朽		不允许		
色差	表面	不明显	轻微	允许
	背面	允许		
裂纹	表、侧面	不允许		允许1条宽度≤0.2 mm，长度≤200 mm
	背面	腻子修补后允许		
虫孔		不允许		
波纹		不允许		不明显
缺棱		不允许		
拼接离缝	表、侧面	不允许		
	背面	不允许		
污染		不允许		≤板面积的5%（累计）
霉变		不允许		不明显
鼓泡（ϕ≤0.5 mm）		不允许	每块板不超过3个	每块板不超过5个
针孔（ϕ≤0.5 mm）		不允许	每块板不超过3个	每块板不超过5个
皱皮		不允许		≤板面积的5%
漏漆		不允许		
粒子		不允许		轻微
胀边		不允许		轻微

注：1. 不明显——正常视力在自然光下，距地板0.4 m，肉眼观察不易辨别。

2. 轻微——正常视力在自然光下，距地板0.4 m，肉眼观察不显著。

3. 鼓泡、针孔、皱皮、漏漆、粒子、胀边为涂饰竹地板检测项目。

表4-54　竹地板理化性能指标

项目		单位	指标值
含水率		%	6.0～15.0
静曲强度	厚度≤15 mm	MPa	≥80
	厚度＞15 mm		≥75

续上表

项　　目		单位	指　标　值
浸渍剥离试验		mm	任一胶层的累计剥离长度≤25
表面漆膜耐磨性	磨耗转数	r	磨 100 r 后表面留有漆膜
	磨耗值	g/100 r	≤0.15
表面漆膜耐污染性		—	无污染痕迹
表面漆膜附着力		—	不低于 3 级
甲醛释放量		mg/L	≤1.5
表面抗冲击性能		mm	压痕直径≤10,无裂纹

三、施工机械要求

(1)施工机具设备基本要求见表 4－55。

表 4－55　施工机具设备基本要求

项目	内　　容
主要机械	平刨、压刨、小电锯、电锤、电钻等
设备要求	选用噪声低的电刨、手提钻、电锯等
设备保养	施工机具要定期保养、维修,使其始终处于完好状态,避免使用不符合要求的机具导致能耗加大,噪声排放加大

(2)施工机具设备见表 4－56。

表 4－56　施工机具设备

项目	内　　容
工具	锤子、墨斗、錾子、扫帚、钢丝刷、气钉枪等
计量检测用具	水准仪、水平尺、方尺、靠尺、钢尺等

四、施工工艺解析

(1)竹地板面层施工见表 4－57。

表 4－57　竹地板面层施工

项目	内　　容
基层清理	对基层空鼓、麻点、掉皮、起砂、高低偏差等部位进行修理,并把沾在基层上等浮浆、落地灰等用錾子或钢丝刷清理掉,再用扫帚将浮土清扫干净,基层表面应达到坚硬、平整、干净、洁净

续上表

项目	内　容
安装木龙骨、横撑	(1)木龙骨间距应根据设计要求，一般不宜大于400 mm，结合房间的具体尺寸均匀布置。先在基层上弹出木龙骨的位置控制线，再用电锤钻孔，用膨胀螺栓、角码固定木龙骨，在混凝土楼板上不应使用木榫钉固定木龙骨。木龙骨与墙面间留出不小于30 mm的缝隙，以利于隔潮通风。木龙骨的表面应平直，用2 m靠尺检查，偏差不应大于3 mm，若表面不平，可用垫板垫平，也可刨平，或者在底部砍削找平，但砍削深度不宜超过10 mm，砍削处要进行防腐处理。采用垫板找平时要与龙骨钉牢。木龙骨的断面选择应根据设计要求，当设计无要求时可选用尺寸为30 mm×40 mm或40 mm×50 mm的木方。龙骨上应每隔1 m开深10 mm、宽20 mm的通风小槽，也可以在龙骨的侧面每隔1 m钻ϕ12 mm的圆孔作为通风孔若同时有纵向、横向龙骨应在每个分格的四边用双面木夹板(600 mm×25 mm)每面用钉子钉牢(或用气钉枪固定)，亦可用6 mm厚扁铁双面夹住钉牢。 (2)设置横撑。设置横撑的目的是为了增加木龙骨的侧向稳定，对木龙骨本身的挠曲变形也有一定的约束作用。横撑的间距一般为800 mm左右，为防止木龙骨在钉横撑时移动，应在木龙骨上面临时钉些木条，使木龙骨相互拉结，然后在木龙骨上按横撑的间距弹线，依次将横撑两端用铁钉与木龙骨钉牢
铺钉毛地板	当面层采用条形或拼花席纹地面时，毛地板与木龙骨成30°或45°斜向铺钉。毛地板与墙面之间应留10～20 mm的缝隙，毛地板用铁钉与龙骨钉紧，宜选用长度为板厚的2～2.5倍的铁钉，每块毛地板应与每根龙骨交接处各钉两个钉子，钉子应冲进毛地板表面2 mm。毛地板的接头必须设在龙骨中线上，表面要调平，板间缝隙不大于2～3 mm，板长不应小于两挡木龙骨，相邻条板的接缝要错开。当采用整张板时，应在板上开槽，槽的深度为板厚的1/3，方向与龙骨垂直，间距200 mm左右。毛地板铺钉完成，应弹方格网点抄平，边刨边用水准仪、水平尺检查，直至平整度符合要求后方可进行下道工序施工。 所用的龙骨、横撑、毛地板等木材在使用时必须刷两遍防腐处理。铺设毛地板前必须将架空层内部的杂物清理干净
铺竹地板面层	(1)在毛地板上铺设时，安装前先去在毛地板上弹出相互垂直的十字控制线，选择靠墙边、远门端的第一块板作为基准。铺设时靠墙的一块板应离墙面8～12 mm的缝隙，先用木楔塞紧，然后逐块排紧。竹地板固定时，在竹地板侧面凹槽内用手电钻钻孔，再用长40 mm钉子或螺钉斜向钉在毛地板上。钉间距宜在250 mm左右，且每块竹地板至少钉两个钉子，钉帽砸扁，企口条板要钉牢排紧。板的排紧方法一般可在毛地板上钉扒钉，在扒钉与板之间加一对硬木楔，然后钉紧木楔就可以使板排紧。钉到最后一块企口板时，因无法斜钉，可用明钉钉牢，钉帽应砸扁，冲进板内。竹地板的接头位置应相互错开300 mm以上。 竹地板安装完后，拆除墙边的木楔，并清理干净。 (2)在水泥类基层上铺设竹地板面层时，木龙骨间距一般为250 mm，用40～50 mm钢钉或膨胀螺栓将刨平的木龙骨固定在基层上并找平。铺竹地板面层前，应在木龙骨间撒防防虫配剂，每平方米0.5 kg。铺钉方法同上。

续上表

项目	内　容
铺竹地板面层	(3)直接在地面上铺设竹地板时,先检查基层的平整度,有凹陷部分用水泥腻子将其补平,清除表面的油污、杂物。在地面上满铺厚 2～3 mm 聚合物地垫,在地垫上拼装竹地板,第一块板应离开墙面 8～12 mm,用木楔塞紧,企口内采用胶粘。将竹地板逐块排紧,挤出的胶液用净布擦净。 接头位置应相互错开 300 mm 以上
安装木踢脚板	竹踢脚板安装时,需先用电钻钻孔钉明钉,安装较为不便,建议采用木踢脚板。竹地板安装经检查合格后,安装踢脚板。踢脚板的厚度应以能压住竹地板与墙面的缝隙为准,通常厚度为 15 mm。以钉固定或用硅胶粘贴。木踢脚板应提前刨光,为防止翘曲,在靠墙的一面开成凹槽,并每隔 1 m 钻 ϕ6 mm 的通风孔,在墙上每隔 750 mm 设防腐木砖(也可以在墙上钻孔,塞木楔),在防腐木砖外面钉防腐木块,再把踢脚板用钉子钉牢在防腐木块上,钉帽砸扁冲入木板内,踢脚板板面应垂直,上口水平。木踢脚板阴阳交接处应切割成 45°角后进行安装,踢脚板的接头应固定在防腐木块上
季节性施工	(1)雨期施工时,空气湿度超出施工条件时,除开启门窗通风外,还应增加人工排风设施(排风扇等)控制湿度,遇大雨、持续高湿度等天气时应停止施工。 (2)竹地板冬期施工应在采暖条件下施工,室温保持均衡,使用胶黏剂时室温不宜低于 10℃

(2)竹地板面层的成品保护及应注意的质量问题见表 4－58。

表 4－58　竹地板面层的成品保护及应注意的质量问题

项目	内　容
成品保护	(1)地板材料应码放整齐,使用时轻拿轻放,不可乱扔乱堆,以免损坏棱角。 (2)在铺好的竹地板上作业时,应穿软底鞋,且不得在地板面上敲砸,防止损坏面层。 (3)竹地板铺设时应保证施工环境的温度、湿度。通水和通暖时应检查阀门及管道的接管管道是否严密,防止渗漏浸湿地板造成地板开裂、起鼓。 (4)施工时防止锐器划伤竹地板表面漆膜,不要用铁锤敲击,应用橡皮锤或垫木板使其拼接严密。 (5)竹地板面层完工后应进行遮盖和拦挡,设专人看护。 (6)后续工程在地板面层上施工时,必须进行遮盖、支垫,严禁直接在竹地板面层上动火、焊接、和灰、调漆、支铁梯、搭脚手架等。 (7)施工中不得污染、损坏其他工种的半成品、成品
应注意的质量问题	(1)木龙骨安装前,应严格控制含水率,木龙骨下用木垫板垫平,并固定牢靠,毛地板应刨平整,防止收缩变形、松动,出现行走时有响声。 (2)基层应充分干燥,不得有明水沿缝隙进入板下,防止竹地板面层受潮膨胀、起鼓变形。 (3)竹地板安装前,应对地板的规格尺寸、颜色、板面顺直、企口质量等进行严格挑选,防止出现板缝不严、花色不均等问题。

续上表

项目	内　　容
应注意的质量问题	(4)按规定预留竹地板的通风排气孔，防止竹地板受潮变形。 (5)木踢脚板安装时，先检查墙面垂直、平整度及木砖间距，有偏差时，应及时修整，防止踢脚板与墙面接触不严和翘曲变形。 (6)铺钉竹地板面层时，必须用电钻钻孔，再用钉子或螺钉固定，不能直接用钉子固定，防止钉劈竹地板

参考文献

[1] 中国建筑工业出版社.新版建筑工程施工质量验收规范汇编[M].第2版.北京:中国建筑工业出版社、中国计划出版社,2003.

[2] 北京市建设委员会.DBJ/T 01－26－2003 建筑安装分项工程施工工艺规程[S].北京:中国市场出版社,2004.

[3] 北京城建集团.建筑、路桥、市政工程施工工艺标准[S].北京:中国计划出版社,2007.

[4] 中国建筑第八工程局.建筑工程施工技术标准[S].北京:中国建筑工业出版社,2005.

[5] 中华人民共和国建设部,国家质量监督检验检疫总局.GB 50009—2001 建筑结构荷载规范[S].北京:中国建筑工业出版社,2002.

[6] 裴利剑,郭秦娟.地基基础工程施工[M].北京:科学出版社,2010.

[7] 祝冰青,朱宝胜,曲恒绪.地基与基础[M].北京:中国水利水电出版社,2010.

[8] 孔军.土力学与地基基础 [M].北京:中国电力出版社,2008.